Couvertures supérieure et inférieure
en couleur

NOUVELLES RECHERCHES

SUR LES

CONDITIONS PRATIQUES

de plus grande utilisation de la Chaleur

et en Général

DE LA FORCE MOTRICE

AVEC APPLICATION AU CHEMIN DE FER ET À LA NAVIGATION.

Par Alph. BEAU de ROCHAS.

Ingénieur attaché au Service central
des Chemins du Midi.

PRIX 6 FRANCS

PARIS

Librairie Scientifique, Industrielle & Agricole

E. LACROIX

15, Quai Malaquais, 15.

1862.

Traduction réservée.

Imp. Maquaire 62 B. de Strasbourg.

Nouvelles recherches
sur les Conditions pratiques de l'utilisation de la chaleur
et en général de la force motrice.

Description sommaire
de quelques perfectionnements à introduire dans les générateurs
à vapeur ou les machines à gaz.

I. Dispositifs de détail.

1º Alimentation d'eau des Générateurs à vapeur. Appareil d'épuration directe faisant partie intégrante du système d'alimentation, page 1.

2º Nouveau dispositif de soufflerie ou ventilation par jet de vapeur continu ou intermittent, page 4.

3º Nouveau dispositif pour l'établissement des tubes dans les générateurs tubulaires, page 7.

II. Dispositifs d'ensemble.

4º Nouveau générateur tubulaire. Solution directe de la question de l'assèchement de la vapeur ou de la vaporisation totale de l'eau d'alimentation, page 11.

5º Générateur à gaz ou application nouvelle des foyers à gaz au chauffage des générateurs à vapeur, p. 17.

6º Moteur mixte à vapeur et à gaz. a. Dispositif sans compression préalable. – b. Dispositif avec compression préalable. – C. Dispositif avec un seul cylindre. Solution directe de la question de surchauffement de la vapeur, page 21.

7º Machines à gaz (petites forces), page 35.

Application au Chemin de fer. – a. Locomotive de plus grande adhérence, – b. Wagon de moindre résistance, – Résumé. p. 37.
Application à la Navigation. – De l'adhérence en matière de Navigation. – a. cas des profondeurs constantes b. cas des profondeurs variables; – C. Bateaux aqua-moteurs. – Résumé. p. 45.
Note sur l'application des Chaînes adhérentes aux Chemins de fer. p. 52.

Description sommaire

de quelques perfectionnements à introduire dans les Générateurs à vapeur
ou les machines à gaz et pouvant constituer dans leur ensemble un nouveau
système d'utilisation de la chaleur.

I. Dispositifs de détail.

1° Alimentation d'eau des Générateurs à vapeur.

Appareil d'Épuration directe faisant partie intégrante du système d'alimentation.

Les eaux introduites dans les chaudières y déposent, par leur vaporisation, sous forme de boues ou de croûtes plus ou moins dures et plus ou moins adhérentes, toutes les matières qu'elles tenaient en suspension ou dissolution. L'influence de ces dépôts va quelquefois jusqu'à annihiler complètement la puissance des générateurs. Elle lui est, dans tous les cas, extrêmement préjudiciable, même avec les eaux généralement considérées dans la pratique comme suffisamment bonnes pour le service. Mais malgré un très grand nombre d'essais tentés ou de procédés préconisés pour s'en débarrasser, la question reste en suspens et la pratique en est encore à attendre un moyen véritablement simple, économique et sûr dans ses résultats.

La question va d'ailleurs plus loin que l'économie actuelle du combustible et même que la conservation des générateurs toujours compromise par les dépôts. Il est en effet permis d'affirmer que c'est à sa solution pratique, c'est-à-dire à l'emploi normal d'eau constamment pure ou suffisamment épurée que se rattache la possibilité ou plutôt la probabilité des plus importants progrès qui restent à faire dans l'établissement des générateurs, et c'est surtout à ce point de vue que l'appareil dont il va être question semble présenter quelque intérêt.

Le principe ici mis en application est le principe connu de la séparation des sels de chaux par la seule élévation de la température. La solubilité de ces sels décroît en effet avec la température au-delà d'une certaine limite. Elle devient sensiblement nulle au-dessus de 150°, et c'est à cette propriété que se rattache directement le phénomène des incrustations proprement dites. On en a facilement conclu que l'eau contenant des sels calcaires devait être échauffée et purgée ailleurs que dans la chaudière; mais jusqu'ici la difficulté a surtout consisté dans la manière d'opérer et d'assurer cet échauffement.

Le procédé d'échauffement dans l'appareil dont il s'agit consiste à injecter l'eau d'alimentation en filets très divisés dans une capacité en communication directe avec la vapeur du générateur, c'est-à-dire dans la production du phénomène de la condensation inversement appliquée au réchauffement utile de l'eau d'alimentation. Subsidiairement, on achève la séparation du précipité par la filtration avant l'admission définitive dans le générateur, l'eau n'étant qu'alors complètement purgée des matières capables de former des boues.

Les conditions de succès de l'échauffement rapide de l'eau injectée sont : 1° sa division en filets très-minces par son passage à travers des pommes d'arrosoir assez fines ou par les procédés connus de la pulvérisation ; 2° un volume suffisant de la boîte d'échauffement ou autrement du condenseur et 3° l'afflux d'une quantité de vapeur suffisante pour fournir par sa condensation la chaleur nécessaire à l'échauffement.

La principale condition du succès de la filtration est que le récipient de l'eau échauffée soit assez volumineux, surtout pour que les matières séparées aient le temps de s'agglomérer en grumeaux de grandeur saisissable par le filtre. L'agitation qui se produira nécessairement dans le cas où l'on aura à refouler mécaniquement le liquide dans le filtre contribuera à amener ce résultat. Mais comme il importe de laisser les troubles boueux se déposer au moins en partie avant le filtre, il sera bon de disposer dans le récipient de l'eau échauffée un diaphragme en volute à plusieurs révolutions qui amène l'eau du centre à la circonférence avec une faible vitesse et sans cause perturbatrice qui remette les troubles en suspension. L'eau arrivera ainsi sensiblement décantée au tuyau d'évacuation dont l'orifice sera placé le plus haut possible.

Rien n'a besoin d'être changé aux conditions ordinaires de l'établissement des filtres. Néanmoins il sera toujours plus avantageux d'employer une grande section et une faible charge.

Lorsqu'on pourra disposer d'une hauteur convenable, il suffira d'une seule pompe pour faire l'injection dans le condenseur - ci créer la charge nécessaire pour la filtration. À défaut, il faudra un second corps de pompe pour effectuer le refoulement à travers le filtre et alors cette dernière pompe devra être calculée de manière à donner passage à l'eau d'alimentation en même temps qu'à la vapeur condensée qui doit retourner à la chaudière.

Le filtre n'est pas absolument indispensable si au lieu de rechercher l'épuration complète, on se contente de l'amélioration relative. Alors en donnant au récipient du condenseur un volume suffisant, on obtiendra encore des effets satisfaisants du seul échauffement préalable de l'eau d'alimentation en vase séparé du générateur. Il est évident, par exemple, que cela suffirait pour rendre beaucoup moins fréquents les lavages complets des machines, lavages toujours dangereux pour leur conservation lorsqu'on n'a pas le temps de les laisser refroidir complètement.

Il est bien entendu que ce nouveau moyen d'épuration ne dispense pas de l'épuration préalable dans des réservoirs fixes lorsque les eaux dont on dispose sont naturellement de qualité trop mauvaise. Son principal but est de mettre, au moment même de s'en servir, la dernière main à l'épuration de l'eau même déjà reconnue convenable dans les conditions ordinaires du service, de prévenir ainsi tout dépôt boueux et à plus forte raison incrustant et par là, de supprimer tout-à-fait s'il est possible les lavages périodiques, causes actuellement trop fréquentes ou de chômage ou de détérioration surtout pour les générateurs tubulaires. Il est également évident qu'il ne dispense pas de l'extraction lorsque l'eau d'alimentation contenant des sels simplement déliquescents, l'eau dans la chaudière dépasse un certain degré de concentration

2° Nouveau dispositif

2ᵉ Nouveau dispositif de soufflerie
ou ventilation à jet de vapeur continu
ou intermittent.

Jusqu'ici l'application directe de la vapeur au tirage des cheminées ou à la ventilation n'a constitué qu'un appareil soufflant à la vérité très-simple, mais d'un très-pauvre rendement ; de sorte que son usage ne s'est étendu qu'aux cas où il était absolument indispensable.

Cependant le jet de vapeur constitue en fait la machine soufflante à la fois la plus simple ; la plus puissante et la plus économique. Le succès de l'injecteur Giffard suffit seul à établir un cas où le travail d'un jet de vapeur est directement utilisé presque sans perte sensible. Il devrait donc suffire de déterminer les véritables conditions de son application au cas d'un appel d'air pour lui restituer son véritable effet utile.

Le principe à appliquer ici était simplement celui de la constance de la section du conduit d'appel, sauf le cas de changement absolument forcé.

Or, la constance de la section, dans le but d'éviter les pertes de charge, doit s'entendre de la section du conduit depuis la prise d'air jusqu'à la section de sortie exclusivement, cette dernière section devant être, en général, beaucoup plus petite. En effet, le rétrécissement brusque de la section de sortie n'occasionne aucune perte de charge, si l'orifice est convenablement évasé. Seule, la dépense peut en être affectée. Mais si l'orifice est déjà réglé pour une dépense donnée, il est directement évident que la résistance des frottements sera d'autant moindre que la section du conduit sera plus grande par rapport à la section de sortie. De là, on déduit le dispositif suivant, qui fixe la forme définitive à donner aux cheminées d'appel par un jet de vapeur.

La section courante du conduit d'air, ou tout au moins celle du conduit d'expulsion, doit être autant que possible, maintenue constante et la plus grande qu'il se peut jusqu'au sommet même de la cheminée qui se termine brusquement par un plan horizontal dans lequel est percé l'orifice de sortie.

La section constante est généralement la seule pratique. Mais il est des cas où l'on peut pratiquer l'accroissement continu de la section pour profiter de la détente dans la limite où l'accroissement de charge qui en résulte n'est pas compensé par la perte due à la diminution de la vitesse. Ce cas peut se présenter, par exemple, dans l'établissement des cheminées des locomotives et, en général, quand la température du mélange dépasse 100°.

Le jet de vapeur est placé en contrebas de l'orifice dans la grande section à une distance suffisante pour que le mélange complet de l'air et de la vapeur ait le temps de s'effectuer.

La tuyère doit être munie d'une valve pour faire varier, soit la pression quand la production de vapeur est constante, soit la section quand cette production est variable, soit l'un et l'autre à la fois.

Si la dépense est constante, l'orifice doit être de forme circulaire et évasé à sa naissance pour faire disparaître la contraction. Il doit en outre être accompagné sur une hauteur de 4 à 5 fois son diamètre d'un cône divergent de 6 à 7° d'amplitude pour profiter du maximum d'accroissement de charge due à la détente dans ce cône et diminuer d'autant la résistance totale.

Si la dépense doit être variable, la section de sortie ainsi que l'ajutage divergent devront être de forme rectangulaire et l'un au moins des petits côtés doit pouvoir s'engager entre les deux côtés voisins de manière à permettre la variation de la section en conservant le parallélisme de la position primitive. Même dans le cas où la hauteur manquerait, il faudrait au moins conserver l'amorce de l'ajutage divergent, car son action est très énergique à moins que la vitesse de sortie ne soit très faible.

Dans les machines locomotives, il sera facile de disposer le capuchon de manière à satisfaire à la condition de la variabilité de la section de sortie.

Cette section elle-même se détermine d'une manière différente suivant que la température du mélange est au-dessus ou au-dessous de 100°.

Dans le premier cas, au dessus de 100°, la section de sortie doit être égale à la somme des volumes d'air et de vapeur divisée par la vitesse commune d'écoulement, laquelle reste arbitraire.

Dans le second cas, c'est-à-dire au dessous de 100°, si l'on veut éviter la condensation d'une partie de la vapeur et obtenir le maximum d'effet pour une résistance donnée, il faut que l'air reste saturé à la température du mélange et alors la vitesse n'est plus arbitraire.

Dans tous les cas, l'effet utile obtenu sera toujours exprimé par le rapport de la charge de vapeur dépensée entre la tuyère et l'orifice de sortie et la charge dans la tuyère. Or la vitesse de sortie peut être aussi petite que l'on veut, du moins dans le cas général. Par conséquent l'effet utile peut se rapprocher autant que l'on veut de sa limite qui est 1 ou autrement 100 p%.

Mais à côté de l'effet utile comme travail, il y a l'effet absolu comme tirage. Quand la perte de charge de la vapeur est réglée ou donnée, ce dernier effet ne dépend plus que de la résistance totale que l'air doit surmonter dans son trajet depuis la prise jusqu'à l'évacuation, et comme le tirage est en raison inverse de la résistance, il est évident que toutes les dispositions qui auront pour effet de la diminuer tendront à augmenter l'appel pour une même dépense de travail.

Si donc on n'a jamais obtenu jusqu'ici un effet utile véritablement satisfaisant de l'application du jet de vapeur à une ventilation quelconque, c'est uniquement qu'on l'a constamment fait fonctionner dans des conditions exagérées de résistance, et qu'alors la majeure partie de la force vive dont il est animé se consomme en frottements et pertes inutiles.

3° Nouveau Dispositif

3ᵉ Nouveau dispositif
pour l'établissement des tubes dans les
Générateurs tubulaires.

On a mesuré jusqu'ici la puissance comparative des machines à vapeur et en particulier des machines locomotives principalement, par l'étendue de la surface de chauffe qu'on divisait en surface de chauffe par rayonnement et surface de chauffe par contact. Mais cette mesure est incomplète, par conséquent inexacte à moins qu'elle ne s'applique à des machines ayant des tubes de même diamètre et de même longueur.

On attachait par exemple de l'importance à augmenter la surface de chauffe par rayonnement, au moyen de bouilleurs ou autrement, parce que, dans les conditions actuelles de leur établissement, on pouvait considérer la surface des tubes comme relativement inerte. Mais cet accroissement ne pouvait modifier la quantité de chaleur produite par mètre de surface de la grille, et quant à la température du foyer, elle dépend de la température constante de l'enceinte et non de ses dimensions absolues. L'utilité des grands foyers est donc ailleurs que dans l'accroissement de la surface ayant vue directe sur le feu.

Quant à la surface des tubes, dite surface de contact, on s'est complètement mépris en attribuant à son étendue un rôle actif dans la transmission de la chaleur, attendu que des surfaces d'étendues très différentes peuvent transmettre dans les mêmes conditions de température initiale et de débit d'air brûlé des quantités de chaleur parfaitement identiques et que, réciproquement, une même surface dans les mêmes conditions peut, suivant les cas, donner passage à des quantités de chaleur variant dans les limites les plus étendues. La cause en est sans doute dans ce qu'on a seulement considéré que l'air est de tous les corps le plus mauvais conducteur et que son pouvoir rayonnant est absolument nul; mais en même temps on n'a pas assez fait attention que son pouvoir dispersif, comme d'ailleurs celui de tous les gaz, est au contraire, extrêmement grand.

On supposait donc qu'il était indispensable que l'air, pour se refroidir, vînt au contact immédiat d'une paroi relativement froide tandis qu'en vertu de son pouvoir dispersif l'air se refroidit à distance et cela beaucoup plus rapidement que tout autre corps solide, même infiniment plus conducteur, mais contenant aussi beaucoup plus de chaleur.

Le refroidissement des gaz dans les tubes est donc principalement une fonction du diamètre et non de la surface. En réalité c'est une fonction de la distance et du temps.

C'est là d'ailleurs un fait qui ressort de la comparaison attentive des résultats obtenus dans la pratique. Dans des tubes de plus petit diamètre et de moindre longueur (type Mac-Connell), le refroidissement marche plus vite que ne décroît le temps nécessaire au passage de l'air brûlé dans les tubes. La seule déduction qu'on ait jusqu'ici tirée de l'observation et qui concorde cette fois avec les indications de la théorie est que pour augmenter la surface de contact, il vaut mieux augmenter le nombre des tubes que leur longueur. Encore cette concordance est-elle purement fortuite car dans cette prescription, il s'agit uniquement de la considération de la résistance et non de celle du refroidissement.

Les règles qui se déduisent d'une étude plus approfondie de l'établissement des tubes sont d'ailleurs très simples et se réduisent aux suivantes:

La section totale des tubes et le débit d'air brûlé restant sensiblement constants, la durée du séjour des gaz dans les tubes est sensiblement proportionnelle à leur longueur. Si, en faisant varier le diamètre des tubes, on veut que la résistance reste constante, il faut que la longueur reste proportionnelle au diamètre. Il en résulte que le temps pendant lequel les gaz séjournent dans les tubes est lui-même sensiblement proportionnel au diamètre.

Alors et pour des diamètres au-dessous de $0^m 050$, la chaleur perdue, c'est-à-dire celle qu'emportent les gaz au sortir des tubes, est sensiblement proportionnelle au diamètre.

La chaleur transmise qui est la différence entre les quantités de chaleur à l'entrée et à la sortie croît donc à mesure que le diamètre diminue, c'est-à-dire quand le nombre des tubes augmente.

En même temps la surface totale des tubes varie en raison inverse de leur nombre, et ceci montre déjà d'une manière évidente que l'étendue de la surface des tubes n'entre pour rien dans la transmission de la chaleur puisque dans le cas dont il s'agit, la chaleur transmise et la surface suivent une marche précisément contraire.

Mais au lieu de maintenir la résistance constante, on peut également se proposer de rendre constante la proportion de chaleur utilisée ; cela paraît même de tous points préférable. En effet, au delà d'un certain degré d'utilisation, par exemple lorsque l'effet utile atteint 98 à 99 p%, sa courbe figurative se confond déjà sensiblement avec son asymptote ; de sorte que de grandes variations de l'abscisse n'en introduisent que de très petites dans l'ordonnée. En un mot, la recherche d'un plus grand effet utile n'a plus aucun intérêt pratique au delà d'un certain point, tandisque la diminution de la résistance importe beaucoup à la puissance de la machine.

Alors quand le diamètre des tubes diminue et devient la moitié, le tiers, le quart, etc, de ce qu'il était auparavant, le temps pendant lequel les gaz doivent séjourner dans les tubes pour atteindre le degré voulu de refroidissement n'est plus que respectivement le quart, la neuvième, le seizième, etc, de ce qu'il était lui-même.

Or la longueur à donner aux tubes doit toujours être sensiblement proportionnelle au temps, puisque le débit et la section totale et par conséquent la vitesse sont supposés rester constants. Les longueurs seront donc, de même que les temps, un quart, un neuvième, un seizième, etc.
Ainsi la longueur diminue beaucoup plus vite que le diamètre.

En même temps, la surface totale des tubes varie en raison inverse du carré du nombre des tubes, progression décroissante très rapide, et l'on voit ici le cas d'une même quantité de chaleur transmise par des surfaces indéfiniment décroissantes.

Enfin, la résistance étant proportionnelle à la longueur des tubes et en raison inverse de leur diamètre, et la longueur étant déjà un quart, un neuvième, un seizième, etc, lorsque le diamètre est la moitié, le tiers, le quart, etc.; il en résulte que, dans le cas de l'utilisation constante, la résistance totale diminue proportionnellement à la variation du diamètre.

On voit ici apparaître la possibilité de l'établissement d'appareils tubulaires capables de transmettre de très grandes quantités de chaleur avec de très-faibles surfaces et infiniment peu de résistance, par conséquent la possibilité d'établir des machines très-puissantes sous un volume réduit et avec peu de dépense.

Mais la constance de la section totale lorsqu'il s'agit de loger un plus grand nombre de tubes dans un périmètre donné exige que l'écartement des tubes varie dans la même proportion que le diamètre. Par conséquent la possibilité de la réalisation de semblables appareils est subordonnée à celle de se procurer de l'eau pure ou suffisamment épurée. Car les tubes pouvant être très-rapprochés, leurs intervalles pourraient être bientôt remplis par les dépôts et les incrustations, si l'eau employée à l'alimentation devait en produire d'une manière sensible. C'est à la nécessité tout-à-fait impérieuse de parer à ces inconvénients que répond surtout l'appareil d'épuration ci-dessus décrit.

Après ces considérations générales, il ne reste plus qu'à indiquer quelques conditions de détail mais qui ont aussi leur importance pour le bon établissement des tubes.

L'emploi de tubes d'un petit diamètre comparativement à ceux dont on fait ordinairement usage, conduit naturellement à la suppression des viroles dans la plaque tubulaire du côté de la boîte à feu. Elles sont en effet déjà généralement supprimées du côté de la boîte à fumée où elles n'étaient pourtant l'occasion que d'une résistance bien moins considérable. Cette résistance disparaîtra donc; mais en outre l'embouchure de chaque tube devra être soigneusement évasée à la fraise pour faire disparaître la contraction qui en ces points occasionnerait encore une notable perte de charge.

Du côté de la boîte à fumée, il y a une perte de charge inévitable par suite de l'accroissement de section; mais elle peut être notablement réduite par la détente que déterminerait l'addition dans le prolongement de chaque tube d'un cône divergent d'une amplitude de 6 à 7°. Ces pavillons ou ajutages pourraient être moulés et obtenus en creux dans une plaque de fonte qui pourrait directement servir de plaque de la boîte à fumée ou qu'on fixerait sur cette dernière plaque après avoir pris soin de régler le perçage de manière à faire coïncider les trous et raccordé le tout à la pose. Le montage devrait être exécuté de manière que les cônes se pénètrent mutuellement en prenant pour leur grande base le cercle circonscrit à l'espace ou alvéole réservé à chaque tube. Il en résulterait une surface à pointes et le raccordement le plus complet possible de la section totale des tubes avec la section transversale de la boîte à fumée.

Enfin, il n'y a pas lieu d'adopter des tubes de forme légèrement conique avec section décroissante de l'amont à l'aval, comme cela a été essayé quelquefois, parcequ'on détruit ainsi une partie de la détente qui se produit naturellement par le refroidissement et qui profite directement à l'appel.

II. Dispositifs d'ensemble.

4º Nouveau générateur tubulaire.

Solution directe de la question de
l'assèchement de la vapeur ou de la vaporisation totale
de l'eau d'alimentation.

Une fois découvertes les véritables lois qui régissent la transmission de la chaleur à travers les tubes, il n'est pas possible d'attribuer aucune prépondérance effective à la transmission par rayonnement sur ce qu'on était jusqu'ici convenu d'appeler la transmission par contact et qui doit désormais se nommer rationnellement la transmission par dispersion. En réalité c'est tout le contraire.

Avec le rayonnement seul et sans le concours de la Dispersion, on perdrait nécessairement toute la chaleur emportée par les gaz et cette perte serait d'autant plus élevée qu'en brûlant une plus grande quantité de combustible par mètre de surface de la grille afin d'obtenir une plus grande puissance, la température du foyer serait elle-même plus élevée.

Avec la Dispersion et sans avoir recours au rayonnement, on ne saurait non plus rigoureusement utiliser la totalité absolue de la chaleur produite ; mais la courbe qui représente l'utilisation arrive si rapidement à son asymptote que bientôt la perte devient absolument négligeable et l'effet utile réel ne différant plus de l'effet absolu que d'une quantité infiniment petite doit être en réalité pris pour cet effet lui-même.

Cette considération mène aux conséquences les plus importantes. Si la Dispersion seule peut suffire à la transmission de la chaleur, il n'y a plus de raison nécessaire pour l'emploi simultané du rayonnement et de la Dispersion. Dès lors on peut, en supprimant le rayonnement, supprimer les inconvénients inhérents au rayonnement lui-même et ces inconvénients sont de plusieurs sortes.

L'inconvénient principal consiste dans l'abaissement de la température du foyer, abaissement qui réagit d'une manière fâcheuse sur la combustion ne permet d'utiliser qu'une partie de la puissance calorifique des meilleurs combustibles et s'oppose absolument à l'emploi des combustibles plus réfractaires.

Ensuite l'utilisation de la chaleur rayonnante, surtout dans le cas des foyers intérieurs, suppose l'intervention de la boîte à feu, partie incontestablement la plus dispendieuse et la plus délicate de tout l'appareil générateur. La seule suppression constituerait déjà une simplification considérable.

Enfin, c'est au rayonnement qu'il faut imputer la cause de la majeure partie des explosions et le danger permanent de la mise hors service des machines par le coup de feu, cause et danger qui ne peuvent plus exister avec de simples courants de gaz chauds.

C'est donc l'usage exclusif de la transmission par dispersion qui, seul, peut réellement assurer aux générateurs leurs qualités les plus essentielles, savoir : l'efficacité, l'économie et la sécurité.

Or, il est déjà établi par la pratique qu'on obtient une utilisation suffisante du combustible, rayonnement compris, avec des tubes de 0^m 045 à 0^m 050 de diamètre et 3^m 50 à 4^m de longueur, bien entendu lorsqu'il n'y a ni incrustation ni dépôts adhérents qui aient pour effet d'intercepter la transmission. Si, toujours en conservant la même section totale pour le même débit, on réduit le diamètre seulement de moitié au quart, la longueur pour la même utilisation, d'après ce qui a été dit ci-dessus, sera réduite du quart au seizième. Ainsi, lorsque dans ce dernier cas le diamètre serait de 12 à 13 millimètres, ce qui est loin d'être la limite inférieure praticable, la longueur des tubes devrait être réduite de 3^m 50 ou 4^m à 20 ou 25 centimètres.

Cette détermination ne tient pas compte de la chaleur transmise par rayonnement dans la boîte à feu et qui est moyennement estimée à un quart de la chaleur totale produite par la combustion soit à un tiers de celle qui est transmise par les tubes.

En supprimant tout-à-fait le rayonnement, il suffira donc d'allonger d'un tiers environ la longueur des tubes, pour obtenir avec les tubes seuls le même effet total. Encore cet allongement est-il une limite supérieure; où le refroidissement croît plus vite que la longueur lorsqu'il ne s'agit que d'atteindre la limite pratique de l'utilisation.

Alors c'est dans cette longueur d'environ 30 centimètres que la production de la vapeur sera en entier localisée, de sorte que ce point du générateur se présenterait littéralement comme une source de vapeur, ou bien que le générateur proprement dit se trouverait réduit à cette minime longueur.

Cette localisation de la vaporisation, loin d'être un inconvénient est au contraire un précieux avantage. Elle fait immédiatement naître l'idée d'alimenter la source précisément avec la seule quantité d'eau nécessaire à la formation de la vapeur et alors on couperait court à toute ébullition tumultueuse puisqu'il ne se dégagerait plus que de la vapeur à la partie supérieure des tubes. Alors, aussi cette vapeur sera directement le plus sèche possible. D'autres dispositions seront toutefois à prendre pour réduire complètement en vapeur l'eau normalement entraînée dans toute ébullition un peu rapide.

Tout ceci s'applique à un générateur de même puissance qu'un générateur actuellement défini par l'étendue de sa surface de chauffe. Or la résistance des tubes est devenue environ 10 à 12 fois plus petite en raison de la diminution de longueur. Rien n'étant supposé changé à la résistance de la grille et cette résistance étant actuellement de moitié aux deux tiers de la résistance des tubes, on pourrait avec la même puissance de tirage produire un appel trois à quatre fois plus grand. Mais alors il faudrait augmenter la longueur des tubes pour conserver la même utilisation et comme le refroidissement est plus rapide que l'accroissement de longueur simplement proportionnel au temps, il ne faudrait qu'une longueur environ double pour obtenir un générateur d'une puissance trois à quatre fois plus grande avec la même dépense de tirage. Ainsi se vérifie la possibilité d'établir des générateurs d'une puissance jusqu'ici inconnue.

Les modifications à introduire dans la forme ne sont pas moins importantes. Avec d'aussi faibles longueurs de tubes, le prolongement du corps cylindrique par la boîte à feu devient inutile. L'indication naturelle est de revenir à la forme des chaudières de Cornouailles. En effet la forme la plus simple que l'on puisse concevoir est celle de deux cylindres excentriquement placés l'un dans l'autre, le cylindre intérieur portant la grille à l'amont et les tubes à l'aval. Le foyer reste ainsi intérieur.

Alors la suppression du rayonnement exige que le cylindre intérieur soit revêtu jusqu'aux tubes d'une enveloppe réfractaire d'une certaine épaisseur.

La chambre de combustion étant ainsi préservée contre le refroidissement extérieur, la température s'y maintiendra aussi élevée que le permettra la proportion d'air admis en excès. Par conséquent la première condition d'une bonne combustion, la condition de la température elle-même sera naturellement satisfaite.

La seconde condition celle du mélange intime, sera d'abord satisfaite par le renversement obligatoire de la flamme résultant de la disposition même de la grille plus ou moins inclinée d'ailleurs. On est maître ensuite de donner telle longueur que l'on voudra à l'espace chaud compris entre la grille en bois tubes, de manière que la combustion soit nécessairement totale avant l'entrée des gaz dans les tubes, car la température y tombe si rapidement qu'à quelques millimètres seulement de l'embouchure, elle n'est déjà plus suffisante pour entretenir la combustion.

La température générale dans la chambre de combustion sera une fonction déterminée de l'épaisseur et de la conductibilité de l'enveloppe réfractaire et de la température de la vapeur dans la chaudière, si l'eau recouvre en entier le cylindre intérieur. Elle sera en outre fonction du pouvoir dispersif de la vapeur, de sa mobilité sur elle-même et de l'étendue de la surface laissée à découvert, si l'eau est maintenue au dessous du niveau du cylindre intérieur, abaissement que la préoccupation du corps de feu rend ici praticable.

Cette circonstance est celle qu'il convient de mettre à profit pour achever la vaporisation de l'eau mécaniquement entraînée et l'assèchement complet de la vapeur, mais non son surchauffement, puisque la vapeur reste en contact avec son eau génératrice. On sait en effet que la qualité généralement plus sèche de la vapeur des générateurs fixes provient surtout de la transmission de chaleur par les maçonneries qui dépassent le niveau de l'eau. Alors la transmission s'effectue principalement par dispersion. Mais ici l'échauffement se faisant par dessous, la transmission sera singulièrement facilitée par les courants ascendants et par la mobilité propre du fluide sur lui-même. Donc la température de la portion de paroi à découvert ne saurait en aucun cas s'élever bien sensiblement au-dessus de celle de la vapeur saturée.

Quant à la condition d'alimenter la partie active du générateur avec la quantité d'eau strictement nécessaire à la formation de la vapeur, elle se réalise au moyen d'un diaphragme qui sépare le générateur en deux parties, l'une formant réservoir intérieur d'eau et de vapeur, l'autre bornée à l'espace occupé par les tubes formant la source de vapeur. La communication entre les deux espaces est établie par une soupape à flotteur émergent qui livre spontanément passage à l'eau nécessaire à mesure que les niveau s'abaisse dans le compartiment de la vaporisation.

L'eau dans le réservoir antérieur doit être nécessairement maintenue à un niveau sensiblement supérieur à celui de l'eau dans l'espace des tubes. Il suffira pour obtenir ce résultat d'y faire parvenir directement l'eau d'alimentation.

Mais dans le compartiment des tubes, le niveau de l'eau peut être sensiblement inférieur à celui des tubes eux-mêmes. En effet, la vapeur en se formant avec rapidité entraîne toujours une certaine proportion d'eau normale qui n'est jamais moindre de 30 à 40 p%. Cette eau est déjà à la température de la vapeur; mais pour achever sa vaporisation complète, il faut encore fournir toute la portion de chaleur destinée à passer à l'état de calorique latent, c'est-à-dire presque autant que la chaleur déjà absorbée dans l'ébullition. De sorte qu'en laissant cette fonction à remplir aux tubes eux-mêmes, en totalité ou en partie seulement, on peut en laisser jusqu'à un tiers à découvert sans craindre que la température ne s'élève sensiblement au-dessus de celle qui convient à la formation de la vapeur.

Ainsi l'assèchement de la vapeur, commencé dans la région même des tubes qui, seuls, peuvent réellement transmettre la plus grande partie de la chaleur nécessaire à cet effet, s'achèvera finalement dans le réservoir de vapeur sous l'action de la chaleur transmise par la surface laissée à découvert. Ces dispositions résolvent l'important problème de la vaporisation complète de l'eau d'alimentation et cela dans l'intérieur même du générateur tandisqu'on s'efforce maintenant d'en approcher en employant la chaleur perdue des tubes dans des appareils plus ou moins compliqués et encombrants. Mais il est bien évident que si les tubes eux-mêmes étaient bien établis, l'air brûlé ne devrait pas en sortir à une température sensiblement plus élevée que celle de la vapeur et serait dès-lors incapable de fournir aucune nouvelle quantité de chaleur utilisable.

C'est donc bien dans l'intérieur même du générateur qu'il convenait de chercher à réaliser la vaporisation complète de l'eau d'alimentation sous peine d'altérer plus ou moins la puissance de la machine et de perdre

sans fournir une quantité de chaleur plus ou moins considérable ou
augmenter inutilement les surfaces d'émission.

Tout ce qui précède suppose l'emploi d'eau pure ou suffisamment
épurée et surtout privée des sels calcaires qui provoquent la formation
des incrustations. Si l'eau contient en outre des sels simplement
déliquescents, l'extraction proportionnelle à l'alimentation devient indispensable. Cette opération s'accomplit spontanément par l'intermédiaire d'une
soupape à flotteur noyé, cette soupape laissant échapper l'eau lorsque la
densité de celle-ci devient supérieure à celle qui convient à l'équilibre du
flotteur.

5° Générateurs à Gaz,
ou application nouvelle des foyers à gaz
au chauffage des générateurs.

Les plus puissants effets des machines à vapeur ont
été jusqu'ici obtenus par l'intervention d'un appareil qui,
malgré son apparente efficacité, ne laisse pas que de présenter
de nombreux et graves inconvénients. Cet appareil, c'est
la grille.

Le principal inconvénient de la grille est l'admission
inévitable d'un excès d'air plus ou moins considérable. Dans
les foyers les mieux construits et les mieux conduits, cet excès
ne descend pas au dessous des 3/4 aux 4/5 de l'air rigoureusement
nécessaire à la combustion et le plus souvent il le dépasse. De
plus, on ne peut parvenir à régler cet excès lui-même qui reste
constamment variable entre deux changements

On autre inconvénient, il serait mieux de dire un désagrément,
mais un désagrément considérable, c'est la fumée. Il n'y a certainement aucune espèce d'économie appréciable à brûler ou non la fumée; mais
c'est un fléau intolérable, et après le nombre considérable d'essais tentés
pour s'en débarrasser, il est permis d'affirmer qu'elle ne disparaîtra
qu'avec la grille elle-même.

Enfin le coup de feu, conséquence nécessaire de l'emploi de la grille
constitue un danger permanent d'explosion.

Il existe cependant, et depuis près de trente ans, un moyen
éminemment pratique.

1° D'obtenir la combustion complète d'un combustible quelconque
en employant seulement le volume d'air nécessaire ou tel excès
qu'on juge convenable, en obtenant constamment des effets réguliers
et continus; en interrompant et reprenant à volonté la combustion avec la plus grande facilité;

2° De ne pas produire un atome de fumée, hors la mise en train,
quelle que soient la durée de la marche et le nombre des
chargements;

et 3° D'écarter toute chance d'explosion provenant de l'action directe
du feu.

Ce moyen, c'est la conversion préalable des combustibles solides
en gaz eux-mêmes combustibles dans des foyers qui, pour cette raison,
ont reçu le nom de gazogènes; foyers dans lesquels il suffit d'ouvrir
plus ou moins les robinets d'accès de l'air et des gaz pour obtenir
à l'instant et dans chaque circonstance les résultats que l'on
désire. Comment se fait-il que depuis leur invention les gazogènes
n'aient point été appliqués au chauffage des générateurs et notamment des générateurs de la marine pour laquelle l'économie réelle
du combustible est un point si important? La raison en est
sans doute dans ce fait que, tels qu'ils se sont produits dans
l'industrie, les foyers à gaz exigent l'intervention d'une machine soufflante spéciale et qu'on a probablement dû reculer jusqu'ici devant
leur usage, soit à cause de la dépense d'établissement, soit à cause de l'embarras

Le foyer à gaz paraissait donc condamné à rester infertile, du moins au point de vue de la généralité de ses applications possibles, faute d'une soufflerie ou d'un moyen de tirage simple, économique, peu embarrassant et constamment applicable à tous les cas, en un mot, véritablement pratique. Or, cette soufflerie est maintenant toute trouvée. C'est le jet de vapeur dans les conditions normales de son application au tirage. Tout générateur peut avoir son jet de vapeur. Donc tout générateur peut fonctionner avec un gazogène.

En particulier, rien n'est à changer au générateur ci-dessus décrit pour le convertir en générateur à gaz, si ce n'est de substituer à la grille un cubilot dont il reste à régler les dimensions, c'est-à-dire, la hauteur et la section. Quant à la hauteur, elle dépend de la nature du combustible et est fixée par l'expérience dans chaque cas particulier. Quant à la section, elle est arbitraire par rapport aux conditions de la transformation du combustible solide en gaz. Elle peut donc être déterminée de manière à minimer la résistance.

On observera à cet égard que, contrairement à ce qui se passe pour la grille, la section est ici sans influence pour la consommation du combustible. En effet, la production des gaz combustibles est rigoureusement proportionnelle au poids d'air qui traverse le cubilot. Mais la résistance que l'air éprouvera au passage sera, comme toujours, proportionnelle au carré de la vitesse. Cette résistance pour un débit donné, sera donc d'autant plus faible que la section sera plus grande.

On est ainsi maître de rendre la résistance du cubilot aussi petite que l'on veut et par conséquent comparable à la résistance de la grille dans le précédent système. En même temps, comme la charge pour surmonter cette résistance peut s'appliquer à une masse d'air moitié moindre avec la même production de vapeur, on voit que pour dépenser le même travail de tirage il faudrait que la résistance du cubilot fût au moins 8 à 10 fois celle de la grille, ce qui met hors de doute l'économie du tirage. Ainsi l'emploi du gazogène procurera non seulement l'économie du combustible, mais encore un accroissement de puissance du générateur.

Il serait superflu d'entrer dans les détails connus de l'établissement des foyers à gaz. On rappellera seulement qu'il est important d'échauffer le plus possible l'air destiné à la combustion des gaz provenant du cubilot; par conséquent c'est à cet échauffement qu'il sera préférable d'appliquer la chaleur perdue en faisant circuler l'air neuf dans des enveloppes qui l'entourent.

Maintenant l'appareil étant supposé installé, la question ne réside plus que dans la mise en train. Le cubilot peut toujours être mis en feu à part; mais cela ne suffit pas pour le fonctionnement immédiat de l'appareil. Ce fonctionnement suppose en effet deux choses. 1° la puissance soufflante et par conséquent la mise préalable du générateur en vapeur à un degré suffisant. 2° la production de la température nécessaire à l'inflammation des gaz dans la chambre de combustion.

Quant à la mise en vapeur préalable, elle ne peut être généralement obtenue qu'au moyen d'un foyer spécial de mise en train dépendant ou non de l'appareil. Dans le premier cas, celui des générateurs fixes, le foyer de mise en train sera un petit foyer ordinaire placé sous la chaudière et ayant sa cheminée spéciale. La mise en vapeur sera ainsi obtenue au moyen de l'échauffement par la surface intérieure du générateur, tandisque dans la marche avec le gazogène, l'échauffement se fait par l'intérieur. Dans le second cas, celui des générateurs mobiles, on pourrait également toujours avoir un foyer de mise en train par dessous; mais il sera, en général, préférable d'amener le générateur mobile en communication avec un générateur fixe qui le mettra promptement et économiquement en pleine pression, après quoi il peut toujours se suffire à lui-même.

Quant à la production de la température nécessaire à l'inflammation, comme le mélange gazeux n'est pas en général à une température suffisante pour s'enflammer spontanément, comme à l'origine les parois de la chambre de combustion sont au plus à la température de formation de la vapeur, comme enfin la chambre de combustion elle-même ne peut être en communication directe avec l'extérieur à cause de la nécessité d'y maintenir la dépression exigée par le tirage, il est nécessaire d'avoir recours à quelque moyen particulier, pour déterminer l'inflammation primitive. Mais une fois les parois réfractaires de la chambre de combustion assez échauffées, elles renferment toujours assez de chaleur pour amener l'inflammation immédiate, de sorte qu'on peut à volonté activer, ralentir, suspendre ou reprendre la combustion sans aucune perte inutile de combustible.

On pourrait au besoin employer un appareil à induction pour déterminer l'inflammation comme dans les machines à gaz combustibles. Mais il suffira de ménager dans la chambre de combustion un petit orifice qu'on tiendra habituellement fermé et par lequel on introduira un corps incandescent pour opérer l'allumage. On peut enfin employer une capsule fulminante dont l'explosion serait déterminée par un ressort à détente comme dans les armes dites à piston.

6.º Moteur mixte à vapeur et à gaz.

Lorsqu'on examine ce qui se passe dans la chambre de combustion du générateur à gaz ci-dessus décrit, on est frappé de l'énorme volume que prennent en se dilatant les gaz portés par la combustion à une haute température.

Si la combustion se faisait au contraire sous volume constant, la dilatation serait remplacée par un accroissement de force élastique également considérable et le retour à la pression primitive par la détente engendrerait précisément le même volume à la même température que si l'échauffement s'était directement fait sous pression constante.

Il est par là directement évident que, dans le fait même de la combustion, il peut y avoir une production de travail d'un ordre considérable de grandeur et complètement indépendante de celle qui doit ensuite résulter de la formation de la vapeur par le refroidissement des gaz brûlés. D'où l'on conclut que l'utilisation complète du phénomène de la combustion, exige qu'on mette à la fois à profit et la force élastique que les gaz peuvent directement acquérir par la combustion sous volume constant et la force élastique qu'ils peuvent ensuite communiquer à la vapeur en lui abandonnant leur chaleur de dilatation, chaleur qui est identiquement la même que s'ils avaient été chauffés sans production d'excès de force élastique sur la pression ambiante.

Cette utilisation complète eût été manifestement impraticable avec le seul usage des combustibles solides. Elle devient infaillible par leur conversion préalable en gaz eux-mêmes combustibles. Et telle est l'immense portée finale de la création des foyers à gaz dont la priorité appartient à MM. Ebelmen et Laurens, mais dont il n'est que juste de rapporter une part notable aux savants travaux de M. Ebelmen en France et de M. Faber-Dufaur en Allemagne.

Il faudra donc désormais considérer comme essentiellement incomplète et considérer comme telle en connaissance de cause toute machine à gaz seul ou toute machine à vapeur seule, et il est facile de démontrer que l'une est nécessairement le complément normal de l'autre.

Le fonctionnement des gaz comme véhicules de la force motrice suppose la mise en train préalable de l'appareil moteur; car précisément parceque les gaz existent tout formés et ne peuvent travailler que par détente, ils sont incapables de se mettre en train d'euxmêmes et ne peuvent entrer comme agents actifs que dans un système déjà en mouvement. C'est pourquoi il n'y a jamais eu et il n'y aura jamais de machine à gaz, quelque soit leur principe, qui puissent être appliquées aux cas où la mise en train exige des efforts plus ou moins puissants, plus ou moins rapides, sans le concours simultané d'une force étrangère. Les machines à gaz seul sont donc essentiellement des machines de petites forces.

Les machines à vapeur sont au contraire capables des plus puissants efforts directs, mais au prix d'une excessive dépense de chaleur. Voici en effet comment s'exprime à cet égard M. Regnault (Comptes-rendus, 18 Avril 1853)

« Dans les moteurs à air (abstraction faite des pertes
« extérieures et des obstacles mécaniques qui peuvent se pré-
« senter dans la pratique) toute la chaleur dépensée est uti-
« lisée pour le travail moteur, tandisque dans la meilleure machine à vapeur d'eau, la
« chaleur utilisée pour le travail mécanique, n'est pas la vingtième partie de la chaleur dépensée. »

Et c'est bien moins encore dans la plupart des cas. Cette infériorité normale de rendement est le signe certain que la vapeur seule ne saurait être l'agent vraiment économique de la transmission du travail ; mais le mécanisme même de sa formation en fait l'agent indispensable de la mise en train.

Telle est donc l'utilité propre de la vapeur d'être, si non la puissance expansive prépondérante, du moins le doigt toujours prêt à presser la détente.

Cette proposition peut paraître en contradiction avec certains faits qui tendraient à établir qu'il est difficile d'obtenir des gaz une grande puissance d'expansion. Les gaz permanents paraissent en effet peut-être encore plus sensibles que les vapeurs aux diverses causes de perte de chaleur. Mais il faut distinguer entre les pertes normales et les pertes accidentelles notamment par la dispersion.

Les gaz permanents devant être considérés comme des vapeurs infiniment au-dessus de leur point de saturation, il est impossible qu'ils restituent dans aucun cas aucune parcelle de leur chaleur constitu- tive ; dès lors ils doivent en travaillant se refroidir suivant une progression beaucoup plus rapide que les vapeurs. Mais peu importe que la courbe de pression tombe plus ou moins brusquement à la détente si, en somme, l'effet utile est plus considérable.

(24)

Quant aux pertes accidentelles, si on combinant la machine à gaz avec la machine à vapeur, on dispose les choses de manière que ces pertes tournent plus particulièrement au profit de la vaporisation elle-même, on aura réalisé le maximum d'effet pratique, car si les gaz sont en réalité d'un maniement difficile, c'est surtout à cause de leur grand pouvoir dispersif et si les pertes provenant de ce chef, déjà supposées réduites à leur minimum possible, sont en outre le mieux possible employées à une production correspondante de vapeur, on aura tout l'effet utile de la vapeur comme devant, plus celui qu'on aura pu obtenir de la force élastique du gaz lui-même. Du reste, il faut bien observer que dans les conditions rationnelles et nécessaires de la transmission de la force, la condition primordiale paraît être l'existence même d'un milieu de chaleur surabondante et l'on est manifestement arrivé à la limite de l'utilisation pratique lorsque la quantité de chaleur nécessaire à la formation ou au maintien de ce milieu est rendue la moindre possible en disposant dans leur ordre rationnel les seuls agents physiques dont on puisse avoir l'emploi général. Dans la pratique, le charbon, l'air et l'eau.

Telle est l'idée première du moteur mixte à vapeur et à gaz, conséquence d'ailleurs naturelle de l'application des foyers à gaz au chauffage des générateurs.

L'utilisation simultanée de la force expansive des gaz et de la vapeur exigera en général l'emploi de deux systèmes de cylindres, les cylindres à gaz dans lesquels la combustion s'effectuera directement et les cylindres à vapeur.

Le dispositif général le plus simple consistera à faire l'appel des gaz du cubilot ainsi que celui de l'air neuf nécessaire à la combustion par l'aspiration même des cylindres à gaz et à refouler après leur détente les gaz brûlés dans le générateur à vapeur, l'échappement des cylindres à vapeur servira alors surtout à diminuer la contre-pression dans les cylindres à gaz en facilitant l'expulsion de l'air brûlé et refroidi hors de la machine, à moins qu'on ne trouve un emploi plus utile de la vapeur dans sa condensation

Rien n'était à modifier dans l'établissement des cylindres à vapeur dont l'installation paraît être arrivée bien près de son entière perfection dans chaque cas particulier, on ne s'occupera ici que de l'établissement des cylindres à gaz dont la pratique est bien moins avancée. On distinguera deux cas généraux suivant que les gaz à brûler sont pris à la pression ambiante ou sont préalablement comprimés.

a. Dispositif sans compression préalable.

Les gaz combustibles et l'air neuf sont aspirés pendant une partie seulement de la course des pistons des cylindres à gaz. Ces cylindres font ainsi fonction de soufflerie par appel pour l'alimentation d'air du cubilot. Des robinets ou vannes règlent l'accès et les proportions des deux natures de gaz. Le mélange s'effectue à basse température dans les conduits disposés à cet effet, et l'inflammation est produite par les procédés connus.

Les volumes des cylindres à gaz et à vapeur sont respectivement réglés en raison de la dépense des deux fluides. Néanmoins, les cylindres à vapeur doivent être toujours capables de déterminer à eux seuls la mise en train de l'appareil entier. Il pourra donc se faire, suivant les cas, que le régulateur de la vapeur, en entier ouvert pour la mise en train, doive être tenu normalement plus ou moins fermé pendant la marche de régime.

La haute température produite dans les cylindres à gaz par le fait de la combustion directe serait une cause promptement destructive de l'appareil si les parois n'étaient maintenues à une température relativement très basse. Cette basse température serait nécessairement une cause énergique de refroidissement pour les gaz, si elle ne pouvait être d'ailleurs combattue par d'autres dispositions. Mais il n'y aura toujours qu'un inconvénient de moindre utilisation directe, si la chaleur ainsi dissipée fait retour à la production de vapeur. Les cylindres à gaz ainsi que leurs fonds seront donc enveloppés d'eau et mis par leurs surfaces extérieures en communication avec le générateur de manière à assurer l'arrivée de l'eau et le dégagement de la vapeur.

L'élévation même très-grande de la température ne saurait d'ailleurs avoir d'inconvénients sensibles avec les parois maintenues à température constante. Il faut en effet concevoir que les parois métalliques, même supposées très-épaisses ; peuvent toujours transmettre la totalité de la chaleur qui leur est fournie sans que leur température au contact de l'air-chaud puisse jamais s'élever d'une manière appréciable au-dessus de la température de la chaudière. La couche d'air au contact même de la paroi sera donc toujours instantanément en équilibre de température avec elle. La propagation du refroidissement dans la masse gazeuse se fera d'ailleurs toujours suivant les lois de la dispersion, c'est à dire en proportion du temps et de la distance.

Une action analogue s'exerce sur les faces du piston, sur les fonds en regard et sur la tige du piston ; car ces surfaces sont incessamment en échange de chaleur rayonnante et ne sauraient par conséquent différer sensiblement de température. La température de la masse gazeuse, pour une position donnée du piston, sera donc le plus élevée dans les zones les plus éloignées des parois froides. Elle ne variera d'abord que lentement et ne commencera à tomber tout-à-fait brusquement qu'à peu de distance de ces mêmes parois.

Les conditions de marche ne sauraient donc être sensiblement différentes dans les cylindres à gaz et les cylindres à vapeur. Rien non plus ne sera donc à changer essentiellement aux pistons presse-étoupes, &ᶜ, dont le graissage pourra s'effectuer par les procédés ordinaires.

Le travail développé étant proportionnel à la pression produite par l'inflammation ; il importe de conserver à cet élément sa plus haute valeur possible, car on peut toujours régler en conséquence la résistance de l'appareil. C'est d'ailleurs l'avantage particulier des machines à gaz combustibles de pouvoir admettre sans danger dans les cylindres où s'opère la combustion des pressions qui seraient inabordables dans les générateurs à vapeur. Or, on attache dans la pratique un intérêt de plus en plus grand à l'accroissement de la pression et c'est avec raison, car c'est dans la pression seule que réside, non-seulement la cause du mouvement mais surtout l'utilisation de la force.

La pression étant en raison inverse de la température avant l'inflammation, il importe que les gaz du cubilot soient autant que possible, refroidis avant leur entrée dans les cylindres. A cet effet, le générateur sera muni de deux systèmes de tubes l'un du côté du cubilot, l'autre du côté de l'échappement de manière à former deux compartiments intérieurs séparés au moins par une cloison imperméable à l'air. L'enveloppe réfractaire du cylindre intérieur sera supprimée comme inutile dans le cas dont il s'agit. Les gaz combustibles seront aspirés du premier compartiment, par conséquent après en avoir traversé les tubes et s'être mis à la température de la vapeur ou à peu près. Les gaz brûlés seront refoulés dans le second compartiment et évacués par la cheminée après s'être également refroidis.

La condition dont il s'agit exige que la pression de la vapeur soit le plus basse possible. Elle ne peut cependant descendre au-dessous du point où la température serait insuffisante pour déterminer la précipitation des sels calcaires dans l'appareil d'épuration qui est ici absolument indispensable. La pression dans le générateur ne devrait donc pas dépasser 6 à 7 atmosphères. [1]

La pression est en outre proportionnelle à la température d'inflammation. Cette température sera le plus élevée lorsqu'on admettra seulement l'air neuf rigoureusement nécessaire à la combustion. C'est à ce cas particulier de l'alimentation d'air que correspondra évidemment le maximum d'effet de la machine. L'effet diminuera à mesure que, suivant les besoins du service, on admettra un excès d'air plus ou moins grand ou, ce qui revient au même, on fermera plus ou moins le régulateur du cubilot. Mais, même dans le cas où l'effet propre de la machine est plus petit, il convient encore de travailler avec le maximum d'effet utile.

Or, pour une température d'inflammation correspondant à une proportion donnée de gaz combustible et par conséquent à une pression déterminée après la combustion, et il y a une certaine longueur d'aspiration (on dirait d'admission dans les cylindres à vapeur) pour laquelle le travail développé dans le cylindre est un maximum. Les variations de la longueur d'aspiration qui répond dans chaque cas au maximum de travail étant renfermées entre des limites peu écartées pour les plus grandes variations dans la teneur en gaz combustible, l'emploi de la coulisse suffira parfaitement pour les obtenir. La distribution des cylindres à gaz, dans le cas dont il s'agit, pourra donc être faite de la manière la plus simple avec un tiroir unique, en modifiant bien entendu l'avance et le recouvrement comme il convient dans ce cas particulier.

b.   Dispositif avec compression préalable.

Le dispositif qui vient d'être décrit paraît assurément le plus simple qui puisse être. Peut-être sera-t-il le seul applicable aux machines locomotives. Alors le supplément de travail utilisé qui en résultera sera certainement tout bénéfice et sans aucun doute hors de proportion avec sa dépense d'installation. Mais les véritables conditions du meilleur emploi de la force élastique des gaz, du moins ses conditions les plus importantes n'y sont pas observées et la simplicité ne s'y trouve peut-être acquise qu'aux dépens de l'utilisation.

Ces conditions en effet sont au nombre de quatre : 1° le plus grand volume possible des cylindres sous la forme du minimum de surface périphérique ; 2° la plus grande vitesse possible de marche ; 3° la plus grande détente possible et 4° la plus grande pression possible à l'origine de la détente.

Le pouvoir dispersif des gaz si favorable à l'établissement des tubes est évidemment au contraire un obstacle à l'utilisation de la force élastique développée dans la masse gazeuse. Or, on a vu que, dans le cas des tubes, l'utilisation, c'est-à-dire la chaleur transmise était proportionnelle au diamètre des tubes. La perte serait donc en raison inverse du diamètre dans le cas des cylindres. Mais ceci n'est applicable qu'aux cylindres de très petit diamètre et la perte décroît en réalité dans une proportion plus rapide que le diamètre n'augmente. Donc aussi le dispositif qui pour une dépense donnée de gaz conduira aux cylindres du plus grand diamètre sera celui auquel correspondra sous ce rapport la plus grande utilisation directe de la chaleur. On conclut également de là qu'autant que possible, il ne faudra employer qu'un seul cylindre à gaz dans chaque appareil distinct.

Mais la dispersion dépend aussi du temps. Le refroidissement serait donc d'autant plus grand, toutes choses égales, que la marche serait plus lente. Or, une marche plus rapide semble entraîner comme conséquence des cylindres d'un plus petit volume ; mais cette contradiction cesse si l'on réfléchit que la course n'est pas nécessairement liée d'une manière invariable avec le volume du cylindre pour une dépense donnée.

De même que pour la force élastique des vapeurs, l'utilisation de la force élastique des gaz exige que la détente soit le plus prolongée possible. Dans le dispositif ci-dessus décrit, il y a un maximum de détente pour chaque cas particulier. Ainsi, l'effet est nécessairement limité. L'avantage restera donc au dispositif qui permettra de restituer à l'appareil ce qu'on pourrait appeler la liberté de la détente, c'est-à-dire la faculté de détendre autant qu'on peut le juger convenable dans les seules limites imposées par la nature même des choses.

Enfin l'utilisation de la force élastique des gaz dépend encore d'un élément qui lui est tout particulier, mais qui au fond est intimement lié avec l'utilité d'une détente prolongée. Cet élément est la pression qui veut être la plus grande possible pour le plus grand effet. On voit aisément qu'il s'agit ici de la détente à chaud obtenue après la compression à froid, ce qui est une manière de prolonger la détente en quelque sorte inverse de celle qui consiste à faire le vide, manière à laquelle les vapeurs ne sauraient se prêter attendu que toute compression y détermine inévitablement une condensation équivalente, de sorte que, même en supposant des vapeurs combustibles, l'échauffement instantané serait par le fait rendu impossible.

On peut donc, théoriquement, obtenir une utilisation aussi indéfinie de la force élastique des gaz en les comprimant indéfiniment avant l'échauffement, qu'on peut obtenir une utilisation indéfinie de la force élastique de la vapeur en prolongeant indéfiniment la détente. Mais, pratiquement, on atteint bientôt une limite infranchissable. C'est celle où l'élévation de température due à la compression préalable détermine l'inflammation spontanée. En effet, en continuant alors la compression, on ne retrouverait à la détente jusqu'à ce même point que le travail fourni par la compression moins la perte qu'occasionne toute action inutile. Là est donc la limite imposée par la nature des choses et l'avantage final sous le rapport de l'utilisation restera au dispositif qui permettra de l'atteindre.

La question étant ainsi posée, le seul dispositif véritablement pratique consistait évidemment à n'employer qu'un seul cylindre d'abord pour qu'il fût le plus grand possible, ensuite pour réduire les mouvements résistants des gaz à leur minimum absolu. Alors et pour un même

côté du cylindre, on est naturellement conduit à exécuter les opérations
suivantes, dans une période de quatre courses consécutives :

1° aspiration pendant une course entière du piston ;

2° compression pendant la course suivante ;

3° inflammation au point mort et détente pendant la troisième
course ;

4° refoulement des gaz brûlés hors du cylindre au quatrième et
dernier retour.

Les mêmes opérations se reproduisant après coup de l'autre côté
du cylindre dans une même période de courses du piston, il en résultera une sorte particulière de machine à simple effet, on pourrait dire
à demi-effet, mais qui satisfait évidemment à la condition du plus
grand cylindre possible en même temps qu'à celle plus importante
encore de la compression préalable. On voit en même temps que la
vitesse du piston est la plus grande possible par rapport au diamètre
puisqu'on fait dans une seule course le travail qui autrement en prendrait
deux et qu'on ne peut pas évidemment faire davantage.

La température des gaz provenant du cubilot est sensiblement
constante. Celle de l'air extérieur ne varie relativement qu'entre des
limites peu écartées. La température initiale du mélange au moment
de l'aspiration dans le cylindre sera donc aussi sensiblement constante.
Il sera ainsi possible de déterminer la limite de compression à
laquelle l'inflammation deviendrait inévitable et d'y conformer l'appareil.
On aurait ainsi constamment le maximum absolu d'effet pour chaque
proportion de combustible. On serait en même temps dispensé de l'intervention de l'électricité, car la mise en train étant déterminée par l'action
de la vapeur, les gaz pourraient toujours n'être donnés que lorsque la
vitesse serait devenue suffisante pour que l'inflammation se produise
à coup sûr. Dans tous les cas, la compression favorisera l'inflammation
instantanée en favorisant le mélange intime et en élevant la
température. Enfin, et pour une température initiale correspondant à
une pression de 5 à 6 atmosphères dans le générateur, l'inflammation se produirait spontanément pour un degré de compression

atteignant environ le quart du volume primitif, du moins lorsqu'on néglige l'effet de la dispersion. Alors la pression après l'inflammation atteindrait à peine 30 atmosphères et comme il s'agit ici du cas où la combustion se ferait sans excès d'air, la pression serait nécessairement inférieure dans tout autre. Il est donc probable que, dans bien des cas, on pourra réellement atteindre la limite absolue de l'utilisation.

En résumé, tout en se prêtant manifestement de la manière la plus complète possible à l'utilisation de la force élastique développée dans la masse gazeuse par la combustion sous volume constant, le dispositif dont il s'agit n'est pas moins simple que le précédent, à moins qu'on ne considère dans quelques cas comme une complication la nécessité ou plutôt la convenance d'employer la distribution par soupapes. Cette distribution est généralement la plus avantageuse, et rien ne prouve qu'elle ne soit pas généralement applicable, même aux machines locomotives et surtout dans le cas dont il s'agit.

c.   Dispositif avec un seul cylindre.
Solution directe
de la question du surchauffement de la vapeur.

Dans ce qui précède, on a considéré les gaz et la vapeur comme fonctionnant dans des cylindres distincts. La généralité de la discussion exige qu'on examine le cas où on les ferait travailler dans les mêmes cylindres.

On conçoit aisément que cela soit possible en considérant alors chaque cylindre comme la réunion de deux machines à simple effet fonctionnant d'un côté avec la vapeur et du côté opposé avec les gaz. Or, l'emploi d'un seul cylindre au lieu de deux constituerait nécessairement dans la plupart des cas une simplification très importante et, mieux encore, pour introduire de nouvelles conditions de possibilité et de praticabilité.

En effet la seule difficulté réellement sérieuse de la pratique des machines à gaz est la lubréfaction des parois du cylindre. Cette difficulté disparaîtrait évidemment si le cylindre était alternativement parcouru tantôt par les gaz tantôt par la vapeur, car rien alors ne serait sensiblement changé aux conditions ordinaires de graissage.

En outre, on conçoit de suite que la chaleur absorbée par les parois du cylindre pendant la présence des gaz chauds puisse directement être employée au surchauffement de la vapeur dans le cylindre même, ce qui serait un mode d'utilisation infiniment supérieur à celui de la production de vapeur dans les enveloppes des cylindres à gaz et conduirait par conséquent à la suppression des enveloppes elles-mêmes.

Effectivement il est bien évident que si, en vertu de son pouvoir dispersif, l'air chaud abandonne une partie de sa chaleur aux parois du cylindre actuellement plus froides, de même à son tour, la vapeur absorbera l'excès de chaleur de ces parois actuellement plus chaudes, et comme le pouvoir dispersif de la vapeur paraît identiquement del même ordre que celui de l'air, s'il n'est même pas plus énergique, l'échange de chaleur entre les deux fluides sera nécessairement total à chaque alternative. Or, cette chaleur n'est plus employée sous forme de calorique latent à la production d'une certaine quantité de vapeur, puisque, dans l'hypothèse, la vapeur est déjà sèche en entrant dans le cylindre, cette chaleur est tout entière employée soit à augmenter la force élastique, soit à augmenter le volume, c'est-à-dire, dans tous les cas, à augmenter directement le travail. Donc l'utilisation est considérablement plus grande.

Ces considérations donnent évidemment un intérêt tout particulier au cas dont il s'agit et il importe de reconnaître à quelles conditions il est praticable.

Il n'y en a qu'une, mais fondamentale, c'est l'égalité en volume des cylindrées totales d'air chaud et de vapeur.

On supposera d'abord que les gaz admis dans le cylindre

ne subissent pas de compression préalable et que la combustion s'effectue sans excès d'air. En admettant pour simplifier, qu'il ne vienne du cubilot en fait de gaz combustible que de l'oxide de carbone, comme la température initiale du mélange avec l'air neuf dans le cylindre sera d'environ 100° le volume total de ce mélange correspondant à l'introduction de 1 kilogr. de carbone sera d'environ 13 mètres cubes. D'un autre côté, par la chaleur dégagée de sa combustion et pertes déduites, ce kilogramme de carbone peut produire environ 20 mètres cubes de vapeur étendue sous la pression atmosphérique.

Ainsi les gaz mis en pression par l'inflammation dans le cylindre pourraient être détendus dans le rapport de 13 à 20, si la vapeur détendue était seulement saturée à 100°; mais comme elle sera surchauffée, si sa température s'est seulement élevée de 100° en plus, son volume se sera accru dans le rapport de 20 à 27 et par conséquent, la détente de l'air chaud pourra se faire dans le rapport de 13 à 27, rapport très-voisin de celui auquel correspond le maximum d'effet de la cylindrée.

Maintenant, si l'on peut atteindre le maximum d'effet dans le cas de la combustion sans excès d'air, on l'atteindra à fortiori avec un excès d'air quelconque, car la longueur d'aspiration croît et la détente diminue en même temps que cet excès augmente.

Le procédé indiqué est donc, dans ce cas particulier généralement praticable pour les machines à haute pression, ou plus exactement pour les machines qui travaillent sous la pression résistante de l'atmosphère. Mais il s'applique infailliblement aux machines à condensation et cela est manifeste car le volume de la vapeur croît rapidement avec le degré du vide.

Si l'on suppose maintenant que les gaz soient soumis à la compression préalable avant l'échauffement, le dispositif élémentaire de la compression étant toujours celui qui vient d'être ci-dessus décrit; la machine sera à demi-effet pour l'admission du gaz et pourra être à simple effet pour l'admission de la vapeur. Alors on sera véritablement dans le cas des machines à condensation.

En effet, on ne pourra disposer pour chaque cylindrée de vapeur que de la moitié de la vapeur produite par une cylindrée d'air chaud. Il faudra donc régler la détente de la vapeur de manière à produire un volume double de celui du cas précédent, en il faut bien remarquer qu'ici l'abaissement de la pression influe moins sur le travail positif de la vapeur qu'il n'est utile pour diminuer la contre-pression dans la détente de l'air chaud.

Si néanmoins, dans ce même cas, on veut marcher sous la pression résistante de l'atmosphère, il suffira de régler l'échappement de la vapeur au retour du piston de manière à éviter les rentrées d'air et l'on obtiendrait encore un certain accroissement d'utilisation, car il ne faut pas perdre de vue que, sous la condition de l'inflammation postérieure, le travail de l'air est proportionnel à l'excès final de la pression.

Quant à la mise en train, dans un cas ou dans l'autre, comme c'est toujours la vapeur qui doit l'effectuer dans le cas général et comme elle ne travaille ici qu'à simple effet, il est évident qu'il faudra quatre cylindres dans les cas où deux cylindres à double effet sont seulement nécessaires. Les procédés dont il s'agit seront donc applicables aux machines locomotives pour lesquelles on est également conduit à employer ce même nombre de cylindres.

7º Machines à gaz (petites forces).

Les besoins de l'industrie étant de nature très variable, le même moteur ne saurait toujours être appliqué avec le même avantage à des cas différents. Le moteur mixte à vapeur et à gaz donne la solution jusqu'ici la plus complète pour l'utilisation de la chaleur dans le cas des grandes forces, ou plutôt lorsque la dépense de combustible tend à devenir un élément prépondérant dans le prix de revient industriel. Mais il n'en est pas toujours ainsi, particulièrement dans le cas des petites forces et c'est également l'un des plus intéressants de l'industrie.

Alors en suivant les circonstances; on peut employer soit une machine à vapeur seule, soit une machine à gaz seule. Cette dernière machine elle-même peut être avec ou sans compression préalable et alimentée avec le gaz d'éclairage ou avec un foyer à gaz.

La machine à gaz sans compression préalable et alimentée avec le gaz d'éclairage n'est autre que la machine connue de M. Lenoir.

Cette même machine alimentée avec le foyer à gaz constitue, dans les conditions de réglement et de distribution ci-dessus décrites, une application nouvelle de procédés d'ailleurs tous connus; mais elle ne paraît devoir être que de peu d'utilité pratique.

Il résulte en effet de l'ensemble des faits actuellement acquis que les moteurs à gaz sans compression préalable ne peuvent donner qu'une très médiocre utilisation directe de la force produite par la combustion. D'abord le maximum d'effet est nécessairement limité, comme il l'a été dit, par le rapport de l'aspiration à la course entière, ce qui ne permet d'utiliser qu'une petite partie de la force expansive totale qu'on peut communiquer aux gaz. Cette petite partie est en outre considérablement réduite par l'effet de la dispersion, effet très énergique dans un cylindre trop petit. Aussi la détente elle-même est-elle le point véritablement faible de ces sortes de machines et la pression y tombe si brusquement que l'action de l'inflammation se réduit pour ainsi dire à un coup de fouet.

Il n'y a d'autre remède à cela ou que l'association de la vapeur au gaz ou que la compression préalable dans une machine à gaz seul.

Dans le premier cas, on peut recourir au dispositif le plus simple, avec un seul cylindre disposé pour marcher à simple effet d'un côté avec la vapeur, de l'autre avec le gaz. Dans le second, il n'y a d'autre dispositif véritablement simple que celui qui a été ci-dessus décrit pour le cas de la compression préalable et l'on pourra toujours l'employer isolement comme machine à gaz de petite force, sous la seule condition de le munir alors d'un volant convenable.

Application
aux Chemins de Fer.

a. Machine locomotive de plus grande adhérence.

Les considérations générales qui viennent d'être présentées suffisent pour l'application des dispositifs décrits à l'établissement des machines fixes en comprenant sous cette dénomination les machines de terre et de mer qui fonctionnent à demeure ou peuvent être considérées comme inamovibles. Il n'en est pas de même pour leur application aux machines locomotives parceque la faculté de se transporter d'elles-mêmes d'un point à un autre en traînant des charges plus ou moins considérables suppose qu'elles sont, par elles mêmes, pourvues de l'adhérence suffisante pour que la réaction tangentielle des rails puisse faire équilibre à l'effort de traction.

Or, si dans l'imperfection actuelle des moyens de vaporisation en plus généralement de production de la force, on éprouve déjà quelques difficultés à mettre d'accord l'adhérence avec la puissance sans excéder le poids strictement nécessaire, à plus forte raison cette insuffisance se manifestera-t-elle lorsqu'il s'agira de mettre à profit un accroissement considérable de puissance avec des appareils normalement en relativement beaucoup plus légers encore. Si donc il est nécessaire d'ajouter du poids pour obtenir l'excès d'adhérence sans lequel l'excès obtenu dans la puissance resterait généralement dépourvu d'utilité, la première question qui se présente est celle de se demander où en comment cet excès sera le mieux placé.

Il est bien entendu toutefois qu'il s'agit ici d'un accroissement de charge à traîner plutôt que de l'accroissement de la vitesse, car, dès qu'on peut démarrer, la vitesse doit nécessairement s'accroître jusqu'à ce que le développement des résistances fasse équilibre à la puissance. La question dont il s'agit se rapporte donc plus particulièrement à l'établissement des machines à marchandises, en c'est à ce point de vue qu'on se bornera à l'envisager.

En principe, l'adhérence est produite par le poids total de la machine, c'est-à-dire d'une part le poids de la machine proprement dite reposant sur les essieux et de l'autre le poids des essieux et des roues. Mais ces deux séries de poids, bien que concourant de la même manière à la production de l'adhérence, sont loin d'entrer de même dans l'effort de traction que la machine doit fournir pour se traîner elle-même comme véhicule. En effet, tandisque le poids qui repose sur les essieux entre principalement dans le terme de la résistance relatif au frottement de glissement, le poids des essieux et des roues n'entre que dans le terme relatif au frottement de roulement. Or, en l'absence d'obstacles étrangers à surmonter, le frottement de roulement est théoriquement nul lorsque l'élasticité du plan d'appui n'est pas altérée par le passage de la roue. Dans tous les cas, les perfectionnements apportés dans l'établissement de la voie depuis l'origine des chemins de fer, ont fini rendre ce coefficient bien au-dessous de 0,001, chiffre auquel il était estimé par M. Wood comme limite supérieure et sur des voies non élastiques, il y a près de trente ans. La résistance au roulement sur les chemins de fer doit donc être considérée comme négligeable devant la résistance au glissement sur les fusées des essieux.

Donc aussi, lorsqu'on doit ajouter un excès de poids à une machine locomotive pour équilibrer son adhérence avec sa puissance, c'est à la partie roulante qu'il convient d'ajouter ce poids et non à la partie qui repose sur les essieux.

Le dispositif qui se déduit de cette proposition donne au développement de l'adhérence un champ très étendu. En effet, rien ne s'oppose, avec le mécanisme extérieur, à ce que le cylindre formé par une paire de roues ne puisse à la limite être considéré comme entièrement plein, par exemple comme le serait un rouleau de fonte. Au besoin, ce rouleau, armé de bandages aux points convenables pour dépasser la voie jusqu'aux points où, le cylindre moteur étant écarté jusqu'à la limite fixée par le gabarit du matériel, il reste encore assez de place pour loger sur leur axe saillant les boîtes à graisse et les manivelles. Il suffira de veiller à ce que la charge par rouleau ne dépasse pas la limite voulue de 10 à 12 tonnes, plutôt moins que plus, et l'on devra également satisfaire à la condition de ne pas dépasser un écartement de 4 mètres entre les points d'appui des rouleaux extérieurs. On pourra ainsi disposer pour l'adhérence d'un poids roulant qui pourra aller jusqu'à 30 ou 40 tonnes, plus au besoin et qui n'exigera, pour ainsi dire, aucun effort de traction.

Ce dispositif constitue un nouveau type de machines à marchandises ou de fortes rampes, au besoin applicable au mode actuel de production de la force. On peut imaginer que, la boîte à feu d'un côté, la boîte à fumée et les cylindres de l'autre, étant équilibrés en porte-à-faux au delà des rouleaux extrêmes écartés de 4 mètres d'axe en axe, le système entier soit supporté par six rouleaux alors écartés de $0^m,80$ d'axe en axe. Ces six rouleaux pourront facilement atteindre un poids de 30 à 35 tonnes et l'on pourra disposer d'un poids total de 60 à 70 tonnes, soit 10 à 12 tonnes par rouleau. L'adhérence sera alors de 12 à 14,000 kilogrammes. Comme d'un autre côté, on pourra toujours régler soit la production de vapeur en augmentant la surface de la grille ou le tirage ou l'un et l'autre à la fois, soit la pression qu'il deviendra désormais possible de porter à un degré jusqu'ici inusité par l'application de la tôle d'acier fondu à la construction des chaudières, le tout de manière à fournir la puissance correspondante à l'adhérence, on voit que les conditions normales de portabilité se trouvent ici parfaitement réunies.

Les avantages de ce nouveau type sont nombreux et évidents. D'abord, il réalise évidemment le minimum de traction propre de la machine considérée comme véhicule. Ensuite, il réalise non moins évidemment le maximum de stabilité, puisque le centre de gravité du système total est le plus bas possible. Il réalise de plus le maximum de stabilité dynamique, les contrepoids devenant inutiles lorsqu'on dispose d'une grande masse de poids tournants.

Enfin il se prête particulièrement à la multiplication des points d'appui, point très important pour l'avenir de la traction économique sur les chemins de fer. Il ne paraît pas impossible d'obtenir ainsi avec une seule machine des efforts de traction dépassant même vingt mille kilogrammes. Mais cela exige que l'on réduise la vitesse au profit de la charge en lui substituant la continuité dans la marche, et cela ne sera praticable que lorsque les chemins de fer étant définitivement sortis de leur période d'enfantement, on en sera arrivé à l'indépendance complète du service de la masse et du service de la vitesse, en les confiant chacun sur leur voie particulière. Alors, mais seulement alors, on verra ce que peuvent les chemins de fer pour la masse et ce n'est qu'alors qu'ils pourront n'être plus taxés d'insuffisance, surtout en présence des besoins accidentels ou extraordinaires et dont le propre est de vouloir être satisfaits dans les plus brefs délais.

La multiplication des points d'appui rendrait le démarrage de plus en plus difficile si les bielles de commission devaient embrasser à la fois l'ensemble des roues ou rouleaux; mais on peut s'en dispenser au moyen d'un dispositif nouveau et très-simple. Ce dispositif consiste à coupler les roues deux à deux alternativement d'un côté et de l'autre. L'action de l'essieu moteur sera ainsi transmise de proche en proche aux plus voisines et le démarrage sera facilité par les allongements, flexions ou torsions élastiques des diverses pièces du système. Autrement on ne pourrait guère lier plus de trois à quatre paires de roues ensemble et pour un nombre plus grand on se trouverait dans la nécessité de multiplier le nombre des cylindres moteurs, nécessité fâcheuse quand elle n'est pas l'une des conditions indispensables de la production de la force.

b. — Wagon de moindre résistance.

Le problème général de l'utilisation de la force consiste autant dans l'élimination des résistances inutiles que dans l'accroissement direct de l'effet utile. Souvent même il arrive que la presque totalité de l'effort moteur, par suite de mauvaises conditions d'établissement de l'appareil dans lequel il doit agir, se consomme inutilement dans des résistances étrangères à l'effet qu'il s'agit de produire. On en a vu, dans le cours même de cette description, un remarquable exemple dans l'application du jeu de vapeur au tirage des cheminées; application qui, de la manière dont elle a été jusqu'ici réalisée dans la pratique, rendait à peine 5 p% du travail moteur, tandisque de meilleurs dispositifs pourraient lui faire rendre sensiblement la totalité de son effet utile. De même, l'effet absolu d'une machine locomotive ne saurait être déterminé indépendamment de la résistance du train qu'elle conduit.

Cette résistance, en effet, pèse sur les pistons de la machine et il ne suffirait pas d'avoir déterminé les meilleures conditions du développement de la puissance de traction, pour obtenir la plus grande utilisation pratique de la force motrice, si en même temps on ne ramenait la résistance à ses seuls éléments réellement irréductibles.

Or, les résistances du train sont ou dépendantes de l'établissement du chemin comme celles qui proviennent de la voie (... roulement), des courbes et des rampes ou dépendantes de la construction des wagons, poids mort, glissement des fusées sur les coussinets, parallélisme des essieux, rigidité des roues et ce sont les seules dont on ait à s'occuper, le plan et le profil du chemin étant supposés donnés ainsi que l'état de la voie.

Quant au parallélisme des essieux et à la rigidité des roues, ces dispositions résultent directement des nécessités fondamentales de la traction sur les chemins de fer, et les résistances qu'elles occasionnent doivent être considérées comme pratiquement irréductibles; Quant au poids mort, il faut distinguer le poids roulant, dont les variations pourraient être très étendues, sans influer sensiblement sur l'effet de la traction, du poids qui porte sur les essieux et dont la réduction sera toujours avantageuse. Mais cette réduction dépend surtout de celle de la vitesse, par conséquent ou principalement de modifications conformes dans l'exploitation.

Reste donc le glissement des fusées sur les coussinets. La résistance qui en résulte constitue à elle seule la presque totalité de la résistance en palier et en ligne droite. Les résistances qui se développent dans les courbes et dans les rampes ne sont d'ailleurs qu'accidentelles, celle-ci est permanente. Elle forme donc, actuellement surtout, la portion essentiellement prépondérante de l'effort de traction, et il est facile de démontrer qu'elle est encore loin d'être réduite à son minimum absolu.

Cette résistance est, comme on sait, proportionnelle au frottement de glissement, au rapport du rayon de la fusée au rayon de la roue et enfin à la charge sur la fusée. Deux de ces éléments sont déjà fixés par la pratique, le rayon de la roue et le frottement de glissement.

L'effort de traction serait évidemment d'autant plus petit que le rayon des roues serait plus grand. Mais les nécessités même du chargement utile et les sujétions correspondantes de la construction et de l'exploitation imposent à cet élément une limite qu'il ne peut dépasser.

Quant au frottement de glissement, le seul moyen pratique de le réduire était la lubréfaction continue de la fusée et parmi les corps gras convenables pour cet usage, l'indécision ne pouvait exister qu'entre la graisse et l'huile. La question a été mécaniquement résolue du moment où l'on a reconnu que ces deux matières donnaient identiquement le même coefficient de frottement au bout de quelques kilomètres de marche; ce qui donne évidemment comme prix l'avantage à la graisse pour peu que la marche soit continue.

Le rayon de la fusée et la charge qu'elle doit porter restent donc les seuls éléments sur lesquels on puisse agir. Mais le rayon de la fusée dépend de la charge et la charge elle-même dépend du nombre des roues par wagon. Ainsi, le nombre des roues est ici la principale variable indépendante.

Or, lorsqu'on cherche à établir le rayon de la fusée de la manière la plus simple, en fonction des éléments dont on le fait ordinairement dépendre, on reconnaît sans peine qu'il est proportionnel à la racine du chargement brut, et en raison inverse 1° de la racine carrée du nombre des roues; 2° de la racine quatrième de la résistance du métal de la fusée; 3° en raison de la racine quatrième de la limite de charge qu'il convient de ne pas dépasser par unité de section longitudinale de la fusée pour qu'elle ne tende pas à chauffer.

A l'origine des chemins de fer, on employait des fusées de 40 à 45 millimètres de diamètre pour des chargements de 4 à 5 tonnes et ce rapport fonctionnait parfaitement; mais la meilleure utilisation d'un même véhicule exigeait évidemment l'accroissement du chargement, et la pratique conduisit bientôt à porter le chargement utile de 8 à 10 tonnes. C'était d'ailleurs conforme aux indications rationnelles, puisque pour un nombre donné de roues, la résistance des fusées augmente moins rapidement que le chargement total. Alors les fusées chauffèrent. C'était l'indice évident que le nombre des points d'appui était insuffisant; mais au lieu d'augmenter le nombre des roues, on préféra augmenter le diamètre des fusées. C'était le plus court, non le meilleur.

En effet, tandisqu'en doublant la charge, la résistance des fusées par tonne de chargement aurait pu être réduite aux $7/10$ environ de ce qu'elle était auparavant, elle s'est trouvée, par le fait, environ doublée par l'accroissement du diamètre de la fusée. On n'a ainsi évité un inconvénient que pour tomber dans un autre; tandisque, si on avait doublé le nombre des points d'appui, les fusées auraient continué à se bien comporter et pour une dépense peu différente et bientôt couverte par l'économie de la traction, on aurait eu de même l'avantage de l'accroissement du chargement moins l'accroissement de la résistance.

Cette considération montre en partie dans quel sens il convient de chercher les perfectionnements qui restent à réaliser dans l'établissement des wagons.

Le rayon de la roue entrant à la première puissance dans le dénominateur du terme prépondérant de la résistance tandisque les autres éléments n'y entrent qu'à la racine carrée ou à la racine quatrième, c'est d'abord celui qu'il convient de faire le plus grand possible comme ayant la plus grande influence. Les diamètres habituellement employés varient de 0m.90 à 1m.00 et même 1m.10. Mais des expériences de Mr. Polonceau montrent que le diamètre de 1m.20 serait parfaitement praticable.

Si l'on rapproche ce chiffre du plus grand écartement des essieux extrêmes praticable dans les conditions ordinaires d'établissement de la voie, lequel est de 1 mètre, on reconnaît que le plus grand nombre de paires de roues rigides de 1m20 à environ parallèles qu'on puisse loger dans cet intervalle est de quatre.

Le chargement utile d'un wagon ainsi monté sur quatre paires de roues de 1m20 dans les données actuelles de la pratique, c'est-à-dire avec des fusées de 75 à 80 millim. de diamètre et des roues d'environ 1m de diamètre, serait d'environ 20 tonnes, ou même sans accroissement à la réduction du poids mort. Mais comme les roues auraient 1m20 de diamètre au lieu de 1m, le chargement pourrait être augmenté d'environ 1/5 sans que le travail ni les courants ni par conséquent le risque de chauffe fût augmenté. Le chargement normal, dans ces conditions, serait donc d'environ 24 à 25 tonnes.

Même attendu que la résistance à la traction croît en principe moins vite que le chargement, on pourrait au besoin encore augmenter celui-ci en augmentant le diamètre des fusées, en par conséquent en profitant en outre des diminutions correspondantes du poids mort et de l'armement.

Et l'on supposerait qu'il fût possible de porter le chargement à 10 tonnes par paire de roues comme on le fait pour les machines, le chargement normal serait porté de 35 à 40 tonnes. Alors et en raison de l'accroissement de charge, la résistance au glissement serait diminuée dans le rapport de 100 à 70.

Quant à la diminution provenant de l'accroissement du diamètre de la roue de 1m à 1m20, elle serait dans le rapport de 100 à 33, comme l'ont d'ailleurs constaté les expériences de Mr Polonceau.

Ainsi l'influence de l'accroissement de chargement et celle de l'accroissement du rayon de la voie suffiraient déjà à diminuer la résistance dans le rapport de 100 à 66, c'est-à-dire de 1/3.

L'essieu et la fusée de wagon ont été jusqu'ici d'une seule pièce en fer. Mais on peut faire l'essieu proprement dit en fer et ses têtes dont les expériences récentes montrent que la résistance et le roideur sont extrêmement remarquables surtout pour de faibles épaisseurs en rapportant à ses extrémités les fusées en les enclavant, des pièces en acier fondu spécialement fabriqué pour fusée. Et serait dans l'acier doux, trempé en série à l'huile.

En proposant l'acier fondu pour cet usage, ce n'est pas qu'on puisse compter sur une plus grande résistance absolue. En particulier, la résistance vive de rupture qui serait l'élément important ne paraît pas être pour cette matière en général supérieure à celle des meilleurs fers. Mais l'acier fondu offre deux qualités importantes, l'homogénéité et la dureté. La première permet de le charger au moins au double du meilleur fer sans la composition ne peut jamais présenter autant de sécurité. La seconde est très importante pour réduire le coefficient de frottement par l'extrême finesse de polique prennent en conséquence les pièces en acier fondu, en par conséquent assurer à la fusée une durée beaucoup plus grande.

En négligeant néanmoins ce dernier effet en tenant compte que de l'accroissement de résistance qu'on supposerait du double et attendu que le rayon de la fusée est en raison inverse de la racine quatrième de la résistance du métal qui la compose, ce rayon ou qui revient au même, la résistance au glissement serait réduit dans le rapport de 100 à 83, c'est-à-dire que la substitution de l'acier fondu au fer pour les fusées procurerait une économie d'environ 1/7 sur la résistance des essieux.

Enfin le rayon de la fusée est également en raison inverse de la racine quatrième de la limite de charge relative au risque de chauffe. Actuellement cette limite ne dépasse guère 35 kilogramm par centimètre carré de la section longitudinale de la fusée. Cette faible valeur oblige à écarter davantage le point d'application de la charge des colliers de l'essieu. Le moment fléchissant et l'effort tranchant à la fusée se trouvent ainsi augmentés et par suite le rayon aussi.

La chaleur produite par le frottement étant proportionnelle au travail, il est au premier abord singulier que pour empêcher la fusée de chauffer, on ait été conduit en augmentant la charge à augmenter le rayon de la fusée au-delà de ce qui conviendrait à ses conditions propres de résistance, c'est-à-dire finalement à augmenter le travail du frottement lui-même. Cela ne se peut concevoir qu'en considérant qu'à mesure que le volume de la fusée augmente en même temps que celui de l'essieu, de la boîte à graisse et des autres pièces en contact, la surface totale d'émission de la chaleur croît plus vite que la quantité de chaleur produite par l'excès de travail, de sorte qu'on puisse toujours assigner au rayon de la fusée une valeur telle que sa température intérieure ne dépasse pas une limite donnée.

Mais puisqu'il ne s'agit en définitive que d'évacuer la chaleur produite par le frottement, on peut se proposer de rechercher s'il n'y aurait pas quelque moyen plus économique de s'en débarrasser au fur et à mesure de sa production que celui déjà réduit à augmenter considérablement la résistance du glissement.

L'essieu étant déjà supposé creux, la fusée elle-même peut être aussi supposée creuse. Cette structure est même celle qui paraît convenir de préférence, car, indépendamment de ce que la partie centrale n'entre pas que pour rien dans la résistance de la pièce, cette résistance elle-même est plus grande pour une pièce creuse lorsque cette forme lui est donnée par un travail spécial de forge.

Et l'essieu et la fusée sont creux, rien n'empêche de supposer que les extrémités étant hermétiquement fermées le système ne soit rempli d'eau de manière par exemple, à affleurer le niveau supérieur de l'eau de la fusée dans sa position horizontale. Si en remplissant d'eau l'essieu déjà formé par l'une de ses extrémités on maintient dans une position sensiblement verticale, on a pris la précaution de porter cette eau à l'ébullition en se plaçant d'autre obstacle hermétique au moment où, l'air étant en entier expulsé, il ne se dégage plus de l'orifice que de la vapeur d'eau pure, le vide dans l'espace libre d'eau sera évidemment fait à la pression correspondante à la température ambiante lorsque le système sera refroidi.

On montre en physique que dans un espace inégalement échauffé et rempli de vapeur, la tension tend incessamment à devenir la même dans tous les points, et partout égale à la tension dans les portions de cet espace qui sont à la température la plus basse. Si la partie à la plus basse température est la surface extérieure, l'essieu proprement dit qui est en entier exposé à la température ambiante et en outre, en marche, dans un renouvellement d'air rapide et incessant.

On voit de plus que la conductibilité des métaux est assez grande pour que dans la plupart des cas, l'influence de l'émission puisse être négligée et pour qu'on puisse considérer comme sensiblement égales les températures des deux faces d'une plaque métallique à travers laquelle la chaleur s'écoule d'un milieu dans un autre.

Il résulte de là d'abord que la température de la fusée sera sensiblement la même que la température uniforme de l'essieu, et ensuite que l'excès de cette température sur la température ambiante sera nécessairement très faible, attendu d'une part que la quantité de chaleur correspondante au travail du frottement par fusée est en elle même très petite et d'autre part que la surface d'émission de l'essieu est très grande par rapport à celle de la fusée, l'émission se faisant à la fois par rayonnement et par contact.

Mais si la température de la fusée ne peut plus sensiblement s'élever au dessus de la température ambiante, il est physiquement impossible qu'elle chauffe. Si elle ne chauffe pas, il est impossible qu'elle se ramollisse et si elle ne se ramollit pas, sa dureté ne peut plus être altérée par aucune autre circonstance, si ce n'est par l'écrasement même de la pièce.

C'est donc la résistance à l'écrasement qu'il faut rationnellement introduire dans la détermination du rayon de la fusée, au lieu de la donnée empirique d'une limite de charge relative au risque de chauffe, lorsque ce risque est par le fait inexistant. On peut observer toutefois que d'après les lois de M. Tresca la résistance à l'écrasement d'un cylindre n'est que les 0,319 de la résistance du parallélépipède circonscrit, ce qui revient à perdre environ le tiers de la résistance à l'écrasement pour l'appliquer à l'unité de surface de la section longitudinale de la fusée.

Pour des fusées en fer la limite d'écrasement serait de 1/4 4000 kilog par centimètre carré; en prenant le sixième pour limite pratique, on obtiendrait environ 200 kilog pour limite de charge par centimètre carré au lieu de 25, soit une charge 8 fois plus grande. La résistance serait alors diminuée dans le rapport de 1 à 0,60, près de moitié.

Pour des fusées en acier fondu, la limite d'écrasement serait environ 1/10000 et conduirait à une charge admissible de 500 kilog par centimètre carré, c'est à dire 20 fois plus que ce qu'on admet actuellement pour le fer, et la résistance serait diminuée dans le rapport de 1 à 0,47, plus de moitié, réduction dans tous les cas fort importante.

<h3>C.   Résumé sur l'application aux Chemins de fer</h3>

Les lois rationnelles du transport par wagons ainsi que leurs conséquences générales n'ayant pas été, que l'on sache, encore mises en complète évidence, on cherchera ici à les commencer en peu de mots et à fixer en même temps les dispositifs nouveaux qui s'y rattachent.

Les résistances à la traction provenant des conditions d'établissement du matériel roulant sont les résistances essentielles des chemins de fer. Les résistances provenant de la gravité peuvent dominer, même de très haut, les conditions d'exploitation de certaines lignes. Ce ne sont néanmoins que des résistances accidentelles et elles se résolvent uniquement dans des questions de puissance ou d'adhérence des machines, tandis que les résistances propres du matériel sont essentiellement permanentes et se retrouvent dans toutes les circonstances possibles.

Parmi ces résistances et dans les conditions ordinaires d'établissement des chemins de fer, il n'en est qu'une qui revête un caractère absolu de permanence et de prépondérance, c'est la résistance des essieux. La fonction qui l'exprime doit nécessairement renfermer implicitement les lois les plus générales et les plus absolues du transport par les chemins de fer.

Envisagée dans son expression la plus simple, la résistance des essieux est proportionnelle au chargement total, au frottement de glissement, au rayon de la fusée est en raison inverse du rayon des roues. Dans cette forme, la résistance par tonne qui est l'élément essentiel du prix de revient de la traction, se présente comme une quantité constante, quelque soit le chargement.

Mais lorsqu'on substitue à la valeur explicite du rayon de la fusée son expression générale en fonction des éléments qui entrent dans sa détermination, on reconnaît au premier lieu que la résistance par tonne est seulement proportionnelle à la racine du chargement et la remarque est capitale ou ce qu'elle fixe d'une manière définitive le but final que les chemins de fer doivent se proposer d'atteindre, c'est-à-dire l'accroissement du chargement par wagon jusqu'à la limite même où la fatigue de la voie d'une part, la stabilité des wagons de l'autre, rendraient tout accident ultérieur impossible.

En effet, lorsque le chargement croît comme les nombres........................ 1, 4, 9, 16, 25, ... 100

la résistance des essieux ne croît respectivement que comme les nombres .... 1, 2, 3, 4, 5, ... 10

et comme les frais de transport sont en définitive proportionnels au prix de revient de la traction

lorsqu'il s'agit de grandes masses, la dépense par tonne devient elle-même sensiblement .... $1, \frac{1}{2}, \frac{1}{3}, \frac{1}{4}, \frac{1}{5}$ .... $\frac{1}{10}$

Il est cependant difficile de concevoir qu'on puisse jamais aller bien loin dans cette série. En effet, pour passer ainsi seulement de la dépense 1 à la dépense $\frac{1}{2}$, il faudrait que les wagons actuels de 10 tonnes fussent chargés à 40 tonnes, c'est-à-dire peser comme même qu'une forte locomotive actuelle en fussent par un seul point supportés sur quatre paires de roues. Il serait peu probable que la voie actuelle puisse résister à une telle fatigue; mais il ne faut rien préjuger. On trouvera peut-être plus tard de l'avantage à augmenter encore le poids des voies, s'il y pourrait se faire que la voie nouvelle fût déjà largement payée par l'économie de 50 p% avant que l'ancienne fût complètement détériorée. On aura de plus d'ailleurs, pour séparer complètement le service des marchandises de celui des voyageurs.

Quoiqu'il en puisse être, si bien que l'accroissement du chargement des wagons se présente comme la loi fondamentale du développement du trafic sur les chemins de fer, l'économie qui en résulte, précisément parce qu'elle est plus ou moins forcément limitée, n'ôte rien de l'intérêt que présentent les autres moyens de réduire concurremment la résistance.

La résistance des essieux est en outre, en raison inverse du rayon des roues et de la racine de leur nombre. Mais lorsque l'écartement des essieux extrêmes est fixé par le rayon des courbes, on a le plus grand nombre possible de roues du plus grand rayon lorsque les roues elles-mêmes se touchent ou du moins, sont placées le plus près possible les unes des autres. Et alors le rayon des roues est une fonction connue de l'écartement des essieux extrêmes et du nombre des roues. Et dans cet état de choses, on fait croître le chargement, on arrivera en dernier lieu à la limite des charges par paire de roues correspondant à la fatigue normale que la voie peut supporter. Cette limite ne pouvant être dépassée, le rayon de la fusée devient constant et le chargement ne peut plus augmenter qu'en augmentant le nombre des paires de roues. Mais dans ce cas, il n'y a plus que du désavantage à augmenter le chargement, car alors la résistance par tonne croît proportionnellement au nombre des roues.

Ainsi l'influence du rayon de la roue est prépondérante et le nombre des roues doit être réduit de manière que ce rayon soit le plus grand possible en même temps que la charge par paire de roues doit tendre vers la limite correspondante à la force de la voie.

La plus grande hauteur praticable du diamètre des roues étant de 1m.20, le plus grand écartement des essieux extrêmes de 4m et la plus grande charge par paire de roues de 10 tonnes, on en conclut que dans l'état actuel des choses, le wagon de moindre résistance est supporté par quatre paires de roues contiguës de 1m.20 de diamètre avec un chargement brut de 40 tonnes.

L'accroissement du chargement exigera l'allongement des wagons. Le principe de la liaison invariable de la caisse et du châssis est le seul réellement admissible dans la pratique pour les wagons à marchandises. L'allongement sera donc obtenu par l'accroissement symétrique du porte-à-faux du châssis sur le polygone d'appui des essieux parallèles. Il n'y a dès lors d'autre limite que l'accroissement du poids mort des brancards et les injections qui résultent d'une plus grande longueur pour la distribution du chargement, ce qui montre qu'on pourra au besoin aborder les plus grandes longueurs nécessaires pour obtenir le chargement complet même avec des marchandises volumineuses lorsque leur abondance exigera l'établissement de modèles spéciaux.

Il est bien entendu que, dans tous les cas, les ressorts de suspension seront réglés de manière que la répartition de la charge soit la plus égale possible par chaque paire de roues.

La résistance que les essieux présentent à la traction est en raison inverse de la racine quatrième de la résistance à la rupture de la matière employée à la confection de la fusée. La résistance de l'acier fondu, doux, trempé ou recuit à l'huile étant au moins double de celle du meilleur fer, l'emploi de fusées en acier-fondu présente donc sur les fusées en fer un avantage de 17 à 20 p%.

Enfin la résistance à la traction est ou devrait être en raison inverse de la racine quatrième de la résistance à l'écrasement de la fusée, lorsqu'elle ne peut plus être amollie par la chaleur provenant du frottement du coussinet. Ce résultat s'obtient par l'emploi d'essieux creux hermétiquement fermés à leurs deux extrémités, remplis en partie d'eau, le vide à la pression de la vapeur relative à la température ambiante étant fait dans le reste. Dans ce cas en raison d'égalité de résistance vive à la rupture, c'est le corps le plus dur qui doit être préféré pour la matière de la fusée. L'acier-fondu satisfait encore à cette condition et en comme avec cette matière on peut admettre une charge 20 fois plus grande qu'actuellement par millimètre de surface de la section longitudinale. De la fusée, il en résulte une économie dans la résistance à la traction d'environ 50 p%.

En résumé, en prenant pour unité la dépense de traction d'un wagon actuel de 10 tonnes ou la comparant à celle d'un wagon nouveau de moindre résistance avec un chargement possible de 40 tonnes si monté sur quatre paires de roues de 1m.20, on arrive aux résultats suivants.

    Dépense proportionnelle relative à l'accroissement du chargement dans le rapport de 1 à 4 .... 0.50
    .... id. .... 2 .... à l'accroissement du rayon de la roue 0.83
    .... id. .... 2 .... à la substitution des fusées en acier-fondu 0.84
    .... id. .... a .... à la suppression du risque de chauffe au même 0.60

En ne tenant compte que des 3 premiers facteurs qui n'ont absolument rien d'hypothétique, leur produit montre que la dépense serait déjà diminuée dans le rapport d'environ 100 à 40.

Et si on tient compte du dernier facteur, dont seule la valeur exacte a besoin d'être déterminée par l'expérience, on trouve, en prenant seulement sa limite supérieure, que la dépense tombe au dessous du rapport de 100 à 25.

Ainsi la dépense serait plus que quatre fois moindre, l'économie supérieure à 75 p% et ce serait là la plus belle économie qu'on puisse imaginer, car elle ne coûterait que peu à obtenir et persisterait ensuite indéfiniment.

Ainsi une forte machine actuelle ayant une adhérence de 5 à 6000 kilog. en pourrait traîner un chargement utile de 5 à 600 tonnes, en traînerait aisément plus de deux mille avec le même effort ou la même dépense de combustible.

Ainsi une machine de grande adhérence suivant ce qui a été ci-dessus décrit pourrait traîner une charge encore deux à trois fois plus forte sans augmentation bien sensible dans la dépense de combustible.

Ainsi enfin le même effet pourrait être fourni par une machine mixte à vapeur ou à gaz avec une dépense de combustible environ quatre fois moindre.

Il serait difficile de douter après cela que le chemin de fer ne devienne, ce qu'il est loin d'être maintenant, l'instrument réellement le plus économique du transport des masses, car si on ajoute aux chiffres ci-dessus les économies de toute nature résultant de la substitution de la continuité de la marche avec une vitesse normale de 10 à 12 kilomètres à l'heure au système actuel de marche intermittente avec des vitesses de 20, 25, 30 kilomètres ou davantage encore, si on observe que le premier résultat de la diminution de la vitesse absolue, au grand profit d'ailleurs de la vitesse commerciale, sera la possibilité d'augmenter encore, et cette fois sans autre frais, la charge limite par paire de roues, on reconnaît qu'il est impossible d'assigner avec quelque certitude à cette heure, aucune limite inférieure au prix de revient de la tonne kilométrique.

Toutefois le résultat le plus saillant à mesure qu'on avancera plus loin dans l'utilisation rationnelle de la force, c'est-à-dire aussi bien dans la science de sa production complète que dans celle de l'élimination des résistances inutiles, sera moins l'extrême abaissement du prix des transports que la possibilité du développement plus rapide encore et totalement de l'universalisation du chemin de fer.

En effet, la limite extérieure de l'abaissement du prix des transports ne saurait se concevoir comme question économique, qu'en supposant un développement de la richesse en proportion complète avec l'accroissement de l'utilisation de la force disponible. Or l'imagination se refuse absolument à entrevoir comme pouvant jamais devenir l'état normal de l'exploitation des chemins de fer des trains de 4 à 5000 tonnes ou plus, comme alors on pourrait aisément en faire dans des cas extraordinaires sur les chemins actuels à faibles pentes.

Mais lorsqu'on pourra franchir à de bonnes vitesses des rampes de 5 p% avec des convois de 3 à 400 tonnes, alors les chaînes de montagnes ne seront plus des obstacles infranchissables pour les chemins de fer et il ne sera plus nécessaire de percer le Mont-Cénis pour traverser les Alpes. Dans tous les cas, il ne fallait pas moins d'un très notable accroissement dans l'utilisation de la force ou tout au moins de sa conception rationnelle, pour mettre définitivement le chemin de fer à la réjétion du plan horizontal et cela était absolument indispensable pour qu'il pût être définitivement considéré comme un moyen de communication véritablement universel.

Application à la Navigation.

De l'adhérence comme moyen d'obtenir le minimum de résistance à la traction des Bateaux.

On a déjà dit que les machines des bateaux pouvaient être considérées comme des machines fixes quant à leurs conditions générales d'installation. Sous ce rapport, rien de particulier n'avons à signaler quant à l'application aux machines de bateaux des divers perfectionnements ci-dessus décrits pour l'utilisation directe de la force.

Mais un bateau est par lui-même un appareil locomobile. Surtout quand un bateau à vapeur est appelé à remorquer un train de plusieurs autres bateaux, il a la plus grande analogie avec une machine locomotive elle-même. Dès lors il faut que l'effort développé par la machine trouve quelque part un appui capable de développer en sens contraire une réaction qui lui fasse équilibre; sans quoi le système serait dans l'impossibilité de se mouvoir; mais l'effort à développer pour obtenir un même effet pourra prendre des valeurs très différentes suivant que l'appui cédera ou ne cédera pas, de sorte que l'utilisation complète de la force ne saurait encore ici se concevoir indépendamment surtout des résistances spéciales qui peuvent naître de la mobilité plus ou moins grande des points d'appui.

Telle est par exemple la différence qui existe entre l'effet utile obtenu par le halage ou le touage sur les canaux ou rivières navigables et celui qu'on obtient des moyens de propulsion, rames, roues à palettes, hélices, &c, dont le propre est de consommer une portion toujours plus ou moins considérable du travail moteur à mettre l'eau elle-même en mouvement. Toutefois, ces moyens de propulsion seront seuls applicables au large soit en pleine mer, soit dans les lacs ou cours d'eau de très grande profondeur où alors les moyens de plus grande utilisation directe de la force prennent une importance prépondérante. Quant à la possibilité de se procurer un appui fixe ou une réaction équivalente, elle n'existe que pour la navigation côtière ou dans les canaux ou rivières, ou en un mot dans le cas où les bords ou le fond restent constamment à portée, et c'est dans ce cas, auquel correspondent d'ailleurs la majeure partie des transports par eau ou un tonnage immense que l'application du principe de l'adhérence semble appelée à rendre les services les plus importants.

A l'origine des chemins de fer, on a longtemps cru qu'il serait impossible de traîner des charges de quelque importance avec des machines locomotives parce qu'on pensait que les roues ne feraient alors que tourner sur elles-mêmes sans avancer. Le projet primitif des constructeurs du chemin de fer de Manchester à Liverpool, le premier chemin de fer d'une assez grande longueur construit avant l'application des locomotives, comportait un système de traction par câbles de halage avec machines fixes. Il fut cependant bientôt démontré que l'adhérence des roues motrices aux rails pouvait suffire pourvu que le poids dont elles étaient chargées fût dans un certain rapport avec la charge à traîner.

La traction sur les canaux ou rivières semble devoir passer par des phases à peu près analogues. On a bien cherché à substituer au halage par chevaux, le halage mécanique par points fixes ou le rouage sur chaîne noyée. Mais ces moyens, applicables à des cas particuliers, n'étaient pas susceptibles de se généraliser, le dernier surtout à cause de la trop grande dépense d'établissement, et ils ne sont pas généralisés en effet. Le touage paraît donc n'être en matière de navigation, qu'un moyen temporaire comme les câbles de halage sur les chemins de fer. De même, l'adhérence doit ici fournir la solution définitive de la réaction économique en libre au moyen d'organes appropriés à cet effet, du moins lorsque la profondeur ne s'arrête pas de certaines limites.

On peut en effet facilement concevoir qu'au lieu d'être porté sur des roues comme une locomotive, ce soit le bateau lui-même qui porte des roues flexibles comme le seraient des chaînes sans fin disposées, par exemple, sur ses côtés. De sorte qu'il suffirait que le poids des portions actuellement appuyées sur le fond fût dans un certain rapport avec la charge à traîner pour que la réaction tangentielle du sol, déterminée par l'adhérence, fît équilibre à l'effort de traction également appliqué tangentiellement à ce même bateau. Alors le bateau serait infailliblement obligé de progresser dans le sens de cet effort et précisément de la même quantité dont tourneraient les roues mobiles, si elles étaient seulement flexibles sans être élastiques ni susceptibles de s'allonger ou de se raccourcir comme peuvent le faire dans certains cas un chaîne à mailles

Or, il ne faut, comme on sait, qu'un faible effort pour traîner à de faibles vitesses, dans une eau tranquille, les bateaux les plus lourdement chargés. Il ne faudra donc qu'une faible adhérence sur le sol pour équilibrer ce faible effort. Par conséquent, le poids des châssis mobiles, d'ailleurs supporté en grande partie par le sol, ne sera jamais qu'une minime fraction du poids total du bateau. Chaque bateau en particulier pourra être muni sans surcharge sensible de son appareil d'adhérence, amovible ou inamovible, pouvant au besoin être mis à l'eau ou rentré dans le bateau, et il suffira, dans tous les cas, d'une machine de très petite force ; elle-même également amovible ou inamovible, pour créer l'effort nécessaire à la traction.

Mais l'adhérence ne se prête pas seulement à l'emploi des petites forces, sur les canaux où c'est particulièrement leur place naturelle. Elle se prête également au développement facile des plus grands efforts qu'il puisse être nécessaire de produire pour remorquer sur les rivières à forte ou faible pente des convois de bateaux aussi chargés et en aussi grand nombre que les conditions de la navigation peuvent le permettre. D'abord, l'adhérence sur le fond d'un cours d'eau est considérablement plus grande que sur les rails polis d'un chemin de fer ; il faut en outre ajouter à l'adhérence proprement dite la résistance provenant des obstacles qui s'opposent au mouvement longitudinal des câbles convenablement disposés à cet effet, de sorte que la réaction totale dont on dispose y est, dans certains cas, au moins décuple à poids égal. Ensuite, l'adhérence est limitée sur les chemins de fer d'un part par la nécessité de ne pas dépasser une certaine limite de charge par paire de roues, de l'autre par celle de confiner le nombre de ces paires de roues dans un écartement donné et si l'une et l'autre de ces sujétions n'existe pour la navigation. Enfin, dans un cas comme dans l'autre, l'excès de poids nécessaire pour créer l'adhérence voulue ne saurait jamais être considéré comme un poids inutile, puisque son existence est la condition même de la traction, et l'on ne saurait d'aucune manière jamais épuiser le chargement possible d'un remorqueur fondé sur le principe de l'adhérence ; si on ne lui donnait d'autre fonction à remplir que de porter la portion émergée des câbles de traction.

Ainsi le principe de l'adhérence renferme implicitement une solution absolument complète et générale du problème économique de la traction sans travail perdu sur les canaux et rivières dont le fond est accessible.

Ce n'est cependant pas que cette application spéciale du principe de l'adhérence n'ait déjà été tentée. Plusieurs brevets ont même été pris pour des dispositifs qui s'y rattachent ; mais il ne paraît pas, ce qu'il était facile de prévoir dans les conditions mêmes où leurs auteurs s'étaient placés, que l'expérience ait jusqu'ici répondu à leur attente. Ce mécompte ne saurait donc condamner que ces dispositifs eux-mêmes et non le principe à peine entrevu puisqu'il n'a été qu'imparfaitement appliqué.

---

a. Cas de la profondeur constante.

C'est celui des canaux éclusés et des lignes navigables dans lesquelles le tirant d'eau a été partout régularisé et il convient d'abord de reconnaître quelles sont les conditions spéciales de leur navigation afin d'y conformer convenablement les dispositifs d'application.

Il y a d'abord la vitesse dont il s'agit de déterminer la limite normale. Et ce sujet, l'expérience apprend qu'à cause de la section nécessairement réduite des canaux, le travail de la traction augmente très rapidement avec la vitesse. Elle se borne par les chevaux entre de 2000 à 2,500 mètres à l'heure. D'une autre côté, l'ensemble des expériences faites pour l'application de la vapeur à la navigation des canaux montre qu'on n'y peut dépasser utilement une vitesse d'environ 4 kilomètres par heure. Peut-être, avec la réaction sans travail perdu, pourrait-on un peu dépasser cette dernière limite, mais comme elle satisfait amplement à tous les besoins de la navigation, on en usera en l'adoptant qu'il suffit ici pour l'obtenir d'une force de 11 chevaux vapeur par bateau à traîner ; du moins cette force est-elle suffisante pour obtenir en canal une vitesse commerciale de 3 kilomètres par heure, éclusages compris.

Il y a ensuite le mode de navigation propre aux canaux. L'existence même des écluses interdit aux bateaux des canaux la faculté de marcher en convoi même peu nombreux, comme on pourrait le faire avec des remorqueurs sans cette sujétion. D'abord le convoi entier perdrait à chaque écluse le temps total nécessaire pour écluser chaque bateau séparément, et en outre les bateaux, isolés alors du moteur, manqueraient de force pour s'écluser. A la limite, ce ne sera toujours le système du plus grand effort utile, chaque bateau établi pour utiliser le volume entier de l'écluse, doit donc pouvoir marcher seul en autant que possible à pleine charge. Ainsi, et dans le cas général, la traction devra être donnée à chaque bateau séparément au moyen d'appareils de la force de 4 chevaux seulement.

Enfin, il y a le mode d'application de la force. S'il s'agit de bateaux destinés à faire un service continu et régulier en canal, et il est évident qu'ils devraient posséder à bord en demeure leurs propres appareils de traction. Mais le cas réellement général sera toujours celui des bateaux transitant en canal en ne demandant que momentanément la force nécessaire à leur traction actuelle. Alors l'appareil de traction doit être amovible, c'est-à-dire pouvoir toujours être facilement placé ou déplacé à la demande de la traction.

En résumé, les conditions normales de la navigation sur les canaux seront satisfaites dans le cas le plus général par un appareil de traction amovible, aisément adaptable à chaque bateau isolé, pouvant le conduire de relais en relais avec une vitesse effective d'environ 4 kilomètres à l'heure, c'est-à-dire ayant une force d'environ 4 chevaux et dirigé par un seul homme.

Il n'y a aucune difficulté à installer une petite machine volante de 4 chevaux sur le pont d'un bateau sans rien déranger, ou du moins très peu, en de manière à ce qu'on puisse toujours passer sous les ponts, même à vide. On n'a donc à s'occuper ici que de l'établissement de la traction sur le principe de l'adhérence.

L'effort de traction étant ici de 300 kilogrammes, la réaction sur le fond devra être également de 300 kilogrammes. Or, si l'on suppose une machine simplement posée sur le fond du canal sans qu'elle y fasse impression par son poids et par conséquent sans qu'elle mette en jeu les actions moléculaires du sol pour s'opposer au glissement, l'adhérence ou le frottement au départ sur le fond simplement supposé sera de quelque chose 0.75. On ne la supposera néanmoins que de 0.60, c'est-à-dire le double seulement de l'adhérence limitée sur les chemins de fer et cela permettra évidemment de négliger la perte de poids de la machine dans l'eau.

On arrive ainsi à un poids limite d'environ 500 kilogrammes de chaîne pour obtenir une adhérence de 300 kilogrammes et par conséquent à une chaîne du poids total d'environ 1 tonne seulement. Cette chaîne en pesant doux qu'il n'en sera pas moins facile à manœuvrer avec les installations que suppose l'emploi de machines mobiles et ne surchargeait pas davantage le bateau d'une manière sensible. La question du poids reste donc vidée.

Quant à la longueur d'appui de la chaîne sur le fond, elle pourrait être de la longueur du bateau lui-même, mais alors le bateau serait peu sensible au gouvernail et il vaut mieux réduire la longueur d'appui aux deux tiers ou même à la moitié, la chaîne portant de préférence sur l'avant.

L'action de la chaîne sur le fond où elle pose sans glisser, si ce n'est de travers mais accidentellement et seulement quand le bateau gouverne, sera surtout favorable à son avancement en agissant généralement à la manière d'un couteau compresseur et quant à l'action sur les bords, elle sera évidemment nulle.

La chaîne adhérente est simplement accrochée sur l'un des côtés du bateau. Elle est passée à l'avant dans un double treuil à gorge qui fait corps avec le bâti mobile de la machine. Elle remonte à l'arrière par une simple poulie de retour. Cette disposition est la plus simple possible et la seule admissible pour un appareil amovible. Mais elle ne permet que la marche en avant en comme ce sens le marche en le seul absolument nécessaire, elle est en elle-même parfaitement suffisante et en parfaitement pratique.

Pour marcher à la fois en avant ou en arrière, le double treuil à gorge de l'avant est remplacé par une poulie simple et les deux poulies de support conduisant alors à une chaîne sans fin sur laquelle la chaîne adhérente peut passer indifféremment dans un sens ou dans l'autre. Cette disposition un peu plus compliquée, quoiqu'encore très simple, ne sera pourtant à sa place que dans des installations à demeure nécessaires seulement pour les bateaux faisant un service régulier.

Il est essentiel d'observer que la chaîne adhérente doit être flexible, mais non susceptible de se raccourcir dans sa figure comme une chaîne à mailles. Différemment, elle pourrait tendre à s'empiler dans les points où la tension est nulle et particulièrement lorsqu'elle remonte à l'avant. Alors il y aurait glissement lorsque la tension viendrait à se rétablir par suite treuil prise. La chaîne adhérente sera donc ou être de la forme des chaînes-aiguilles ou plus simplement armée d'écaillons en fonte comme les chaînes ordinaires en fonte.

b. Cas des profondeurs variables.

La profondeur peut être variable pour deux raisons :

1° par les variations du profil du fond d'un cours d'eau ou par la variation de son niveau suivant que les eaux s'élèvent ou s'abaissent par les variations du régime ;

2° par les variations même du chargement des bateaux qui font qu'ils tirent tantôt plus, tantôt moins.

La question n'offre aucune difficulté avec le dispositif pour la marche dans un seul sens. La poulie de retour étant frappée à un palan à plusieurs brins, il est toujours facile de la rapprocher plus ou moins du treuil fixe et par conséquent de faire varier la profondeur de la plongée. Il suffira évidemment que dans le cas de la plus grande profondeur, la portion de la chaîne appuyée sur le sol produise encore l'adhérence suffisante.

Avec le dispositif pour la marche dans les deux sens, les poulies qui conduisent la chaîne sans fin doivent être considérées comme nécessairement fixes. Alors la projection de la chaîne adhérente restant invariable, c'est la portion appuyée sur le sol qui variera de longueur à mesure que la profondeur variera elle-même. Il suffira donc, comme dans le cas précédent, de régler le poids par unité de longueur, de manière que l'adhérence suffise dans les cas extrêmes.

Le poids absolu de la chaîne adhérente est à peu près indifférent sous le rapport du travail à dépenser, puisqu'à chaque instant, c'est toujours le même poids qui monte d'un côté pour descendre de l'autre. On peut donc disposer jusqu'à un certain point du poids par unité de longueur pour atteindre une profondeur plus grande ; mais on peut également écarter les poulies conductrices jusqu'à profiter de la longueur entière du bateau ou combiner ces deux moyens à la fois.

La considération des profondeurs variables dans une certaine étendue se rapporte spécialement aux cas de la navigation en rivière. Une variation de 4 à 5 mètres sur la hauteur de l'étiage suppose en général que la navigation est par le fait interrompue. L'amplitude des variations de la plongée ne saurait donc jamais être bien étendue et les moyens ci-dessus rapportés suffisent pour la généralité des cas.

Et, néanmoins, on devrait aborder des profondeurs plus grandes, en toujours dans le cas de la marche dans les deux sens, on le pourrait par l'intermédiaire de poulies extérieures qu'on écarterait ou qu'on rapprocherait des poulies fixes, de manière que la chaîne pût dans tous les cas, glisser à l'eau du côté où on l'y rejette actuellement.

Cette disposition serait particulièrement applicable aux bateaux destinés à naviguer successivement sur les rivières et sur les canaux parce que leur longueur est nécessairement limitée par celle des écluses. Mais pour les bateaux de rivière proprement dits, le dispositif de marche dans un seul sens devra évidemment suffire dans la plupart des cas et alors, on se retrouvera naturellement dans les conditions véritablement simples de la pratique de l'adhérence.

Tout ce qui précède s'applique à des bateaux porteurs marchant isolément. Qu'il s'agisse de bateaux de canal ou de bateaux de rivière, ou de bateaux mixtes, il suffira généralement d'un seul câble d'adhérence placé sur l'un des côtés du bateau, le biais qui en résulte pour la traction pouvant être considéré comme insensible.

Mais s'il s'agit de remorqueurs plus ou moins puissants à établir, le poids des câbles d'adhérence serait alors trop grand pour être mis d'un seul côté. Ces câbles devront alors être symétriquement placés sur les deux côtés à la fois et de manière à pouvoir toujours être facilement relevés. Ils ne devront pas sensiblement dépasser les deux têtes du bateau à partir de l'avant pour laisser au gouvernail une action suffisante. Moins encore que les porteurs, les remorqueurs n'ont besoin de marcher dans les deux sens, ceux-ci étant spécialement faits pour remonter les cours d'eau avec des convois de bateaux plus ou moins nombreux. L'installation des plus puissants remorqueurs fondés sur le principe de l'adhérence sera donc excessivement simple et de la pratique la plus facile.

C. Bateaux aqua-moteurs.

On s'est, au commencement du dernier siècle, beaucoup préoccupé d'un procédé de halage par l'action du courant, désigné sous le nom d'aqua-moteurs, et consistant dans l'emploi de roues à aubes placées sur le bateau qu'il s'agissait de faire remonter. L'action du courant faisait tourner un arbre sur lequel s'enroulait une corde attachée en avant à un point fixe. Ces points fixes étaient échelonnés d'espace en espace ; pendant que le bateau parcourait l'un de ces espaces, la corde destinée à lui faire parcourir l'espace suivant était portée en avant et déroulée.

Malgré le peu de succès pratique des essais qui furent alors tentés, la question du halage par l'action du courant n'a jamais été complètement perdue de vue. M. Thilorier, depuis lors devenu célèbre par la solidification de l'acide carbonique, avait proposé l'emploi du cadran-plongeur de son invention. C'était un plan ou rideau attaché à l'extrémité d'une corde passant sur une poulie fixe et dont l'autre extrémité était attachée au bateau. On faisait plonger le rideau en lui faisant prendre une position verticale ou un peu inclinée du côté d'aval. Lorsqu'il avait achevé sa course, on le remettait dans sa position horizontale et on le remontait jusqu'au point fixe suivant.

La question des bateaux aqua-moteurs a elle-même été reprise sur le Rhône, peu de temps avant l'invention des bateaux à vapeur. On éprouva de notables difficultés surtout dans la dépense considérable qu'exigeaient les cordages en les bonnes nécessaires à la manœuvre ; dans la lenteur du mouvement et dans les variations de la vitesse du courant auxquelles correspondaient des variations beaucoup plus fortes dans la tension de la corde. D'ailleurs, le succès des bateaux à vapeur vint de nouveau interrompre les recherches sur ce sujet.

Depuis lors les bateaux à vapeur eux-mêmes, ceux du Rhône en particulier, ont disparu devant la concurrence introduite par le chemin de fer parallèle, en ne servir par l'une des phases les moins curieuses de cette sorte de course aux transports qui date presque du commencement de ce siècle, si la navigation des fleuves et rivières reprenait un jour non seulement l'importance éphémère dont elle a un instant brillé, mais une importance définitivement prépondérante sur la masse des transports à effectuer dans leur direction.

Cependant, c'est ce qui paraîtrait devoir infailliblement arriver du moment où ces chemins qui marchent, suivant l'expressive définition de Pascal, mais qui jusqu'ici se sont obstinés à ne marcher que dans un sens, se mettraient un beau jour à marcher à volonté et indifféremment dans un sens ou dans l'autre, et cela arrivera du moment où l'effort gratuit mais jusqu'ici stérile du courant aura trouvé son point d'appui définitif dans une réaction de sa propre nature, c'est-à-dire essentiellement continue ?

Or, une telle réaction ou ce qui revient au même ; la continuité du point d'appui ne saurait être produite que par l'adhérence, sur le fond solide, de corps pesants entraînés dans le mouvement du bateau et se remplaçant successivement, adhérence seule capable de développer tangentiellement au sol et en sens contraire du mouvement une réaction nécessairement en équilibre avec l'effort de traction, c'est-à-dire en un mot, par une chaîne ou un système de chaînes adhérentes recevant leur mouvement de roues à aubes portées par le bateau lui-même.

C'est donc l'aqua-moteur, entrevu il y a plus de 150 ans, mais cette fois-ci définitivement débarrassé des points fixes articulés, qui va probablement devenir l'instrument caractéristique de la traction sur les rivières par les rivières elles-mêmes.

D'abord, sa fonction essentielle étant de remonter les courants, il ne peut évidemment marcher utilement que dans un seul sens. Il se trouve donc nécessairement dans les conditions les plus simples de l'application du principe de l'adhérence ; et il sera par conséquent toujours facile de l'utiliser dans les profondeurs les plus variables.

L'aqua-moteur peut être ou porteur ou remorqueur. Dans les deux cas, la force dont il peut disposer est proportionnelle au nombre des roues à aubes dont il peut être muni, roues d'ailleurs entièrement analogues à celles des bateaux à vapeur sur rivières, mais seulement beaucoup plus légères, car comme en général, la force vive du courant suffit à restituer immédiatement la force vive absorbée par chaque roue, il s'ensuit qu'à la limite, les roues pourront être contiguës les unes aux autres et réparties sur toute la longueur de la coque.

Comme porteur, l'aqua-moteur peut être établi pour la vitesse et comme remorqueur pour traîner des charges plus ou moins grandes. Le rapport de la section totale des aubes à la section totale des maîtres bancs étant donné, celui dépend simplement du rapport à établir entre le rayon des roues à aubes et le rayon au bout duquel les chaînes absorbeuses travaillent.

Comme porteur, une seule chaîne peut en général suffire et être placée d'un côté ou de l'autre entre les roues et la coque. Comme remorqueur, il lui en faudra en général deux symétriquement placées de droite et de gauche ainsi qu'il a été dit plus haut. Dans les deux cas, il faudra une installation de freins pour ralentir ou pour arrêter.

Dans certains cas, chaque paire de roues pourra conduire sa chaîne ou sa paire de chaînes pourvu que les roues soient assez écartées les unes des autres. Il sera en général préférable de solidariser les roues entre elles pour leur faire transmettre plutôt directement qu'indirectement leur action aux chaînes absorbeuses.

Enfin, il faut une installation pour relever les chaînes et les tenir suspendues le long du bord à la descente, car l'aqua-moteur ne peut évidemment se servir alors de ses roues et ce n'est qu'avec l'aide d'une force étrangère qu'il pourrait descendre plus vite que le courant.

Pour donner au moins une idée de la limite de puissance que l'on pourrait atteindre dans l'établissement des aqua-moteurs sur les grands cours d'eau, on supposera qu'il s'agit de faire remonter le Rhône à un appareil de ce genre placé dans les conditions du maximum absolu d'effet.

On a pratiqué sur le Rhône des bateaux ayant jusqu'à 150 mètres de longueur, on se proposait même d'aller plus loin encore, et une largeur totale avec les aubes d'environ 15 mètres. En adoptant les mêmes dimensions générales pour l'établissement d'un aqua-moteur, et supposant les dimensions transversales de sa coque réduites de manière à obtenir la plus grande largeur d'aubes, on pourrait établir sur la longueur entière jusqu'à 20 paires de roues présentant chaque 10 à 12 mètres carrés de section travaillante et par conséquent une section totale d'aubes de 200 à 250 mètres carrés.

Si l'on suppose maintenant que l'aqua-moteur doive marcher seul ou remorquer plusieurs bateaux présentant chacun une section résistante de 10 mètres carrés, le nombre des bateaux remorqués étant par exemple :

$$0, \quad 1, \quad 2, \quad 3, \quad 5, \quad 10. \quad \&^{c},$$

la vitesse avec laquelle l'aqua-moteur pourra remonter le courant, en prenant la vitesse du courant lui-même pour unité, sera respectivement dans les conditions du maximum pour chaque cas,

$$\frac{12}{3}, \quad \frac{7}{3}, \quad \frac{6}{3}, \quad \frac{5}{3}, \quad \frac{4}{3}, \quad \frac{3}{3}, \quad \&^{c},$$

ou : $4, \quad 2.33, \quad 2. \quad 1.67, \quad 1.33, \quad 1, \quad \&^{c}$, fois celle du courant.

En même temps, l'effort de traction ou la réaction en sens contraire à produire sur le fond, sera respectivement en nombres ronds de tonnes :

$$29^{\text{tonnes}}, \quad 30, \quad 31, \quad 32, \quad 33, \quad 35^{\text{tonnes}}, \quad \&^{c};$$

par conséquent l'effort nécessaire pour produire sur un fond de gravier le glissement d'un câble qui butte lui-même par un grand nombre de points ne pouvant être estimé à moins de deux tonnes par tonne de poids adhérent, il en résulte que le poids total du câble nécessaire pour produire l'adhérence voulue sera lui-même d'environ :

$$29, \quad 30, \quad 31, \quad 32, \quad 33, \quad 35, \quad \&^{c}.$$

et qu'en définitive l'aqua-moteur ne sera lui-même chargé que de la moitié environ de ce même poids.

On vérifie aisément d'une part que la résistance de câbles d'un tel poids est surabondante pour l'effort de traction qu'ils ont à supporter, fussent-ils simplement en fonte, ou d'autre part que la portion du poids des câbles portant sur le bateau, fût-elle double, triple, quadruple, on serait encore loin d'avoir épuisé le chargement possible de la coque de l'aqua-moteur, si on ne devait lui donner d'autre fonction à remplir que de porter l'appareil de traction. Les conditions de praticabilité sont donc ici d'une parfaite évidence.

Ainsi, on peut considérer comme dès ce moment établi, la vitesse du Rhône entre Beaucaire et Lyon étant moyennement de 1m,50 à 2m, qu'un aqua-moteur marchant seul pourrait facilement atteindre des vitesses de 20 à 30 kilomètres à l'heure en remontant le cours de ce fleuve par la seule action du courant.

Ou bien ce même aqua-moteur fonctionnant comme remorqueur pourra remonter à la vitesse même du courant un nombre de bateaux représentant une section résistante totale de 100 mètres carrés; ou comme la résistance à la traction est sensiblement indépendante de la longueur des bateaux, du moins dans les limites jusqu'ici expérimentées, si ces bateaux avaient eux-mêmes une longueur de 150 mètres, on voit qu'à cette même vitesse, l'aqua-moteur pourrait à la limite donner la remorque à des chargements de 12 à 15 000 tonnes, sans que les frais de traction coûtent en définitive autre chose que la conduite et l'entretien de l'appareil de traction et des bateaux eux-mêmes.

Résumé sur l'application à la Navigation.

Si le problème général de l'utilisation de la force motrice est toujours de nature à offrir un puissant intérêt, cet intérêt est évidemment plus grand encore lorsqu'il s'agit de l'utilisation des forces motrices naturelles et par conséquent gratuites en elles-mêmes.

Parmi ces forces, celle qui réside naturellement dans le courant d'une rivière n'avait encore pu être partiellement utilisée qu'au moyen de dérivations et de récepteurs fixes. Mais quant à l'utilisation directe de la force vive du courant, si elle a été depuis longtemps entrevue comme pouvant être appliquée au halage même des bateaux, du moins les moyens pratiques d'en tirer un effet réellement utile avaient-ils jusqu'ici fait défaut. En matière de navigation des cours d'eau, la recherche de ces moyens ou la démonstration de leur impossibilité absolue devait donc logiquement précéder l'application de toute autre force artificielle.

Or, loin d'aboutir à une impossibilité après tout présumable en l'état des essais tentés, cette recherche montre que la question est pratiquement soluble et par conséquent d'une manière extrêmement simple. Si l'on s'étonnait que cette solution simple n'ait pas été plus tôt trouvée, il faudrait s'étonner qu'après six mille ans d'histoire, le principe de l'égalité de l'action et de la réaction soit resté inconnu jusqu'au dix-huitième siècle, il faudrait encore plus s'étonner que ce principe étant connu on ait été jusqu'à l'invention de jambes mécaniques pour obtenir la locomotion par machines mobiles à l'origine des chemins de fer, tandisque l'adhérence de ces mêmes machines sur les rails devait immédiatement produire la réaction nécessaire pour permettre le développement de leur action.

Le principe de l'adhérence étant reconnu suffisant pour le halage à la remonte des rivières par l'effort du courant lui-même; à plus forte raison doit-il suffire pour le halage des bateaux dans les canaux. A ce sujet, telle est l'impérieuse nécessité de remédier aux imperfections du mode de halage pour les chevaux qu'après avoir tenté ce qu'il était pratiquement possible pour en tirer le parti le moins mauvais, les agents supérieurs de l'administration des Ponts et Chaussées n'hésitent pas à reconnaître que « puisque ce halage ne peut être amélioré, il faut qu'il disparaisse », et se montrent disposés à applaudir à toutes les tentatives qui pourraient amener ce résultat.

Dans cet état de choses en plus encore que la navigation des rivières, la navigation des Canaux, a été et est encore l'objet de recherches extrêmement persévérantes. Mais les unes en sont encore aux points fixes extérieurs, les autres à l'appui sur la résistance du fluide, en une fois la question bien posée, il est directement évident que l'application conforme du principe de l'adhérence peut seule éviter d'un côté l'excès de dépense d'établissement, la complication de la manœuvre et le défaut de liberté d'allure, de l'autre l'excès de dépense dans la production de la force motrice, excès dû à la mobilité du point d'appui et dès lors absolument inévitable, même avec les propulseurs les mieux conçus.

La navigation a trouvé donc désormais pourvue d'un nouveau principe au moyen duquel elle doit réaliser le maximum absolu d'économie dans ses propres frais de traction, car d'un côté la dépense relative à la production de la force est absolument annulée lorsqu'on peut faire usage de la force motrice du courant, de l'autre elle est réduite à son minimum absolu, lorsque, l'emploi des machines devenant nécessaire, on ne dépense pas de travail au delà de celui qui est rigoureusement nécessaire pour la traction utile.

Si donc la navigation pourrait jamais devenir un moyen de transport véritablement universel, il ne serait pas douteux qu'elle n'en fut généralement le moyen le plus économique. Mais les cours d'eau navigables sont limités ; les canaux ne peuvent pas être établis partout. Ce qui manquera donc toujours à la navigation, c'est la continuité et l'ubiquité qui sont au contraire les caractères essentiels du chemin de fer et qui doivent nécessairement lui assurer la suprématie finale en matière de transports.

Cela n'empêche pas que la navigation sera toujours appelée à rendre des services locaux de la plus grande importance et qu'elle contribuera toujours ainsi, pour une part considérable à l'économie générale des transports.

Mais le principe de l'adhérence n'est applicable qu'à la navigation intérieure et peut être, dans des cas particuliers, à la navigation côtière. Du reste en devant l'importance de ce principe, lorsqu'il reste applicable ; l'importance du moteur disparaît presque absolument, d'abord parce qu'il n'a pas besoin de machine proprement dite lorsqu'on utilise directement la force du courant, ensuite parce que dans tous les cas, il ne saurait généralement s'agir que de très petites machines. Or, dans les très petites machines ; en outre dans les machines amovibles, l'utilisation directe de la force motrice doit généralement céder le pas à la simplicité du mécanisme qui n'en sera généralement alors que meilleur s'il est plus rudimentaire.

Il n'en peut plus évidemment être ainsi lorsque l'économie du combustible devient la loi suprême comme en matière de navigation maritime, et alors le travail propre de la traction se compliquant nécessairement du travail perdu dans la propulsion, la nécessité de subvenir à cette double dépense rend encore plus importante l'application complète de l'ensemble des conditions de plus grande utilisation de la force motrice.

Note sur l'application des Chaînes adhérentes à la traction des convois sur les Chemins de fer.

La traction par chaînes adhérentes peut également s'appliquer à la traction sur les chemins de fer au grand soulagement des rails et avec une économie de poids mort très importante dans les fortes rampes, l'adhérence de corps pesants sur le sol même de la voie étant considérablement plus grande que l'adhérence des roues sur les rails. Comme il est d'ailleurs dans tous les cas absolument indispensable que le mouvement soit directement communiqué aux roues qui supportent la machine ; et comme il convient également de toujours profiter de l'adhérence créée par la charge des roues motrices, la première condition de cette application sera que les chaînes adhérentes travaillent sur le même rayon que les roues motrices elles-mêmes.

Mais on ne dispose ici que d'une longueur d'appui de 4 mètres au plus entre les roues extrêmes et il est visible qu'il serait impossible, du moins peu praticable d'établir dans ce court espace des chaînes assez lourdes par elles-mêmes pour obtenir un effet très appré- ciable, même en leur faisant occuper toute la largeur de la voie et en supposant un coefficient d'adhérence très élevé. Mais en bornant la force des chaînes à celle qui est nécessaire pour opérer la traction, l'adhérence voulue pourra être directement obtenue par l'intermédiaire de rouleaux de pression.

Qu'on suppose d'abord des chaînes d'engrenage parfaitement calibrées mais méplates, en de la longueur, par exemple, d'une forte jante de roue. Il faudra au moins deux de ces chaînes rigoureusement égales et symétriquement distribuées de droite et de gauche dans l'intérieur de la voie. Ces chaînes conduites par des pignons faisant corps avec les essieux extérieurs seront supportées par le bras suivant la tangente commune aux deux pignons et touchant librement le sol par en bas.

L'adhérence sera ensuite produite par la pression de rouleaux de poids en un nombre suffisants reposant librement sur les chaînes, c'est-à-dire libres de se mouvoir dans le sens vertical, mais assujettis à rester parallèles entre eux, ce que l'on obtiendra simplement en logeant leurs tourillons dans des coussinets libres de se mouvoir dans des glissières verticales faisant corps avec le bâti de la machine.

Quant aux petites inégalités qui peuvent exister entre le niveau de la voie et celui des rails, il est visible qu'elles seront incessamment rachetées par un changement de courbure plus ou moins prononcée dans la retombée des chaînes, ce qui peut exiger que les rouleaux extérieurs aient un certain jeu pour se rapprocher ou s'écarter. Quant à l'action de ce nouveau mode de traction sur la voie, il est également visible que celle-ci en sera considérablement soulagée, à égalité d'effort de traction, et qu'ainsi son élasticité en sera considérablement moins fatiguée.

Ainsi, minimum de poids mort d'adhérence par la grande augmentation du coefficient de réaction, minimum de poids mort sur les essieux de la machine, puisque tout l'excès de poids nécessaire à l'adhérence peut être reporté dans la partie roulante au besoin en combinant les rouleaux de pression avec les rouleaux pleins déjà décrits, enfin minimum de fatigue de la voie ; à ces égards, il est impossible de ne pas reconnaître un mode de traction éminemment rationnel et pratique.

L'expérience seule pourra sans doute montrer ce qu'il en est pour la vitesse, mais il paraîtra difficile de ne pas accorder qu'il porte dès ce moment en germe la solution définitive du problème de la traction sur les plus fortes rampes qu'on puisse jamais se proposer d'aborder.

Enfin, son analogie extrême avec les propres moyens du roulage montre que si jamais on parvient à appliquer les moyens mécaniques aux transports par les routes ordinaires, ce ne pourra jamais être par des moyens qui en diffèrent essentiellement.

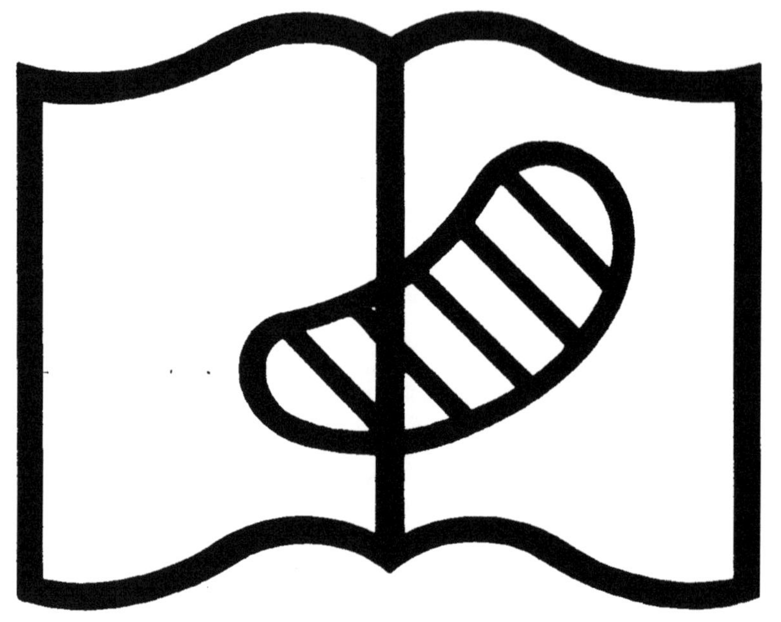

Original illisible